Doris Helzle

Immer wieder einmalig

Erfolgreich in Projekten –
pfiffig & kompakt

KEHSLER VERLAG

Doris Helzle

Immer wieder einmalig

Erfolgreich in Projekten – pfiffig & kompakt

Illustrationen von André POLOczek

Immer wieder einmalig
Erfolgreich in Projekten – pfiffig & kompakt

Autorin: Doris Helzle
Illustrationen: André POLOczek
Gestaltung und Satz: Ingeborg Helzle
Lektorat: Astrid Kehsler
Druck und buchbinderische Verarbeitung:
Grafisches Centrum Cuno GmbH & Co. KG, Calbe (D)
Kehsler Verlag, Ober-Saulheimer Straße 15 E, 55291 Saulheim (D)

1. Auflage 2016
ISBN 978-3-942385-05-3

www.erfolgreich-in-projekten.de

Für alle, die daran glauben,
dass Arbeit und Lebensfreude
keine Gegensätze sein müssen

Doris Helzle
„brain meets emotion"

Sie kennt die Höhen und Tiefen, Tricks und Kniffe und so manche pfiffige Lösung, wenn Plan und Realität in Unternehmen (oder im richtigen Leben) auseinander laufen. Als Mathematikerin hat sie mit viel Sach- und Menschenkenntnis etliche große Projekte erfolgreich geleitet und manch in Schieflage geratenes Vorhaben vor dem Scheitern bewahrt.
Doris Helzle liebt und lebt die Vielseitigkeit – eine ideale Voraussetzung, um heute als Mediatorin, Trainerin und Coach für und mit ihren Kunden individuelle Lösungen für Kopf und Bauch aufzuspüren und zu entwickeln.
Ihre Lust an Querdenken und Perpektivenwechsel und ihr ausgeprägter Sprach- und Wortwitz machen aus geballtem Wissen ein lustvolles Leseerlebnis – Hirnbrizzeln ist angesagt!
Mehr zu Doris Helzle unter **www.doris-helzle.de**

André POLOczek
„Je absurder, desto merkwürdiger"

Finanztest und Frankfurter Rundschau, taz und titanic sind nur einige Beispiele für die vielen Publikationen, die POLO mit seinen Karikaturen und Cartoons, Illustrationen und Comics aufgewertet hat. Weithin bekannt sind auch seine Bücher und Kalender.
Mit den Illustrationen dieses Buches erschafft er einen Helden, begleitet ihn durch absurde Situationen und zeigt in köstlicher Weise auf, was alles schiefgehen kann. Damit ergänzt er kongenial die immer wieder überraschenden Wendungen in den Texten – eine MERKwürdige Kombination im besten Sinne des Wortes.
Mehr zu André POLOczek unter **www.polo-cartoon.de**

Inhalt

„So eine tolle Maschine!"
Vorwort

Der Sohn meines ehemaligen Kollegen Matthias bekam zum dritten Geburtstag eine Kugelbahn geschenkt, eine mit allen Finessen. Diese Kugelbahn war DAS Geschenk für den Jungen. Der Clou war eine trickreiche Warteschlangenfunktion. Mehrere Kugeln mussten quasi „im Stau stehen", bevor vorne etwas ins Rollen kam. Das war für den Kleinen gar nicht so leicht zu durchschauen. Mehrere Kugeln waren schon oben hineingefallen, und es purzelte entgegen aller Erwartungen unten einfach keine Kugel heraus. Dann plötzlich – er hatte eben oben eine weiße Kugel gestartet, erschien unten eine blaue. Der Junge klatschte begeistert in die Hände, strahlte übers ganze Gesicht und rief: „So eine tolle Maschine!"

Ab diesem Tag saßen Matthias und ich ab und zu bei unerwarteten Projektereignissen da, schauten uns an, klatschten in die Hände und riefen: „So eine tolle Maschine!" Allein dadurch mussten wir lachen und konnten uns konstruktiv auf die Lösungssuche begeben, selbst wenn mancher Anlass eigentlich zum Heulen hätte sein können.

Kinder sind von Natur aus neugierig. Viele Überraschungen werden freudig begrüßt (na ja, solange sie nicht in Stubenarrest und Zahnarztbesuche ausarten).

Kindliche Neugierde und Offenheit für das, was kommt, gepaart mit einer gehörigen Portion gesundem Menschenverstand und reichlich Humor, sind supergute Helfer, um unsere Projekte erfolgreich zu meistern. Natürlich nie leichtfertig, aber leichtfüßig.

Auch in den Texten dieses Buches gibt es immer wieder unerwartete Wendungen, manchmal durchaus rotzig-frech. Gerade in der einen oder anderen Absurdität liegt ja oft der beste Aha-Effekt.

Lass Dich überraschen.

PS: Ich weiß, die vertrauliche Anrede ist an dieser Stelle auch ziemlich frech, wir kennen uns schließlich noch gar nicht. Sie darf uns daran erinnern, dass wir in Projekten neugierig und offen für Überraschungen sein wollen. Wie ein Kind. Wie ein fabelhafter Projektleiter.

Eine Erkenntnis aus den dreißiger Jahren des letzten Jahrhunderts wird heute noch in Motivationsseminaren erzählt: „Nach den Gesetzen der Aerodynamik können Hummeln nicht fliegen. Die durchschnittliche Hummel hat nämlich eine viel zu kleine Flügelfläche für ihren dicken Körper. Doch die Hummel weiß das nicht und fliegt trotzdem."

Nun galten die aerodynamischen Gesetze von damals für starre Flügel von Flugzeugen, die Flügel der Hummeln sind jedoch biegsam. Mit denen schlagen sie bis zu zweihundertmal in der Sekunde und erzeugen Luftwirbel und damit Auftrieb.

Erst 1996 konnte bewiesen werden, dass die Hummel doch fliegen kann. Zum Glück haben sich die Hummeln dieser Welt nie darum geschert und sind einfach geflogen.

Was wir heute wohl alles zu wissen glauben und dabei (noch) keine Ahnung haben?

Sicher ist jedenfalls, dass wir alle auf die eine oder andere, eben auf unsere spezielle Art „fliegen" können – und Projekte bieten uns phantastische Möglichkeiten, unsere Talente, Fähigkeiten und Potenziale zu erproben und unter Beweis zu stellen.

info
Alle Richtungen
DA LANG
Umleitun
Umleitung

Guter Sex und gutes Essen

Einfach einmalig: Projekte

Die einen packt das kalte Grausen, bei den anderen hüpft das Herz vor lauter Freude – die Rede ist von Projekten (gemach, gemach, zu Sex und Essen komme ich noch). In einigen Firmen oder Abteilungen wird tunlichst vermieden, ein Projekt aufzusetzen, weil das anscheinend viel zu viel Aufwand verursachen würde. Gleichzeitig wird die Bezeichnung Projekt durchaus inflationär verwendet – für manche Menschen ist es schon ein Projekt, am Morgen die Augen aufzumachen und aufzustehen. Leider muss ich Euch jedoch enttäuschen – das ist kein Projekt (wir werden noch sehen, warum).

Alles kein Hexenwerk!

Lasst uns den Nebel rund um Projekte etwas lichten. Aus der Praxis für die Praxis – mit etwas Insider-Geplauder von Erlebtem und Erlittenem ebenso wie mit handfesten Tipps für die tägliche Projektarbeit. Jenseits des Anspruchs auf Vollständigkeit, jedoch mit den wichtigsten Themen, die uns helfen, Projekte erfolgreich ins Ziel zu führen. Ihr könnt die

Tipps und Themen gerne auswählen wie bei einem Bauchladen. Sucht aus, was Euch interessiert, das andere lasst liegen – vielleicht zum späteren Gebrauch.

Stopp!

Bevor Ihr das Buch zur Seite legt, weil Ihr gar nicht in Projekten arbeitet: Seid Ihr schon einmal umgezogen? Ein ganz typisches Projekt für uns Normalsterbliche (zumindest für alle, die nicht zufällig eine Umzugsfirma besitzen). Es gibt ein Ziel und einen festen Zeitplan, ein Budget, Umzugshelfer, die bei Laune zu halten sind, und – ganz wichtig – es handelt sich um eine einmalige Angelegenheit. Schon hat man die Kriterien, die die DIN-Norm 69901 für ein Projekt vorsieht. Womit auch klar ist, warum das tägliche Aufstehen nicht zum Projekt deklariert werden kann, auch wenn es sich manchmal so anfühlt.

Wie ich das einmalige Vorhaben gekonnt in die Praxis umsetze, ohne den Zeit- und Kostenrahmen zu sprengen und gleichzeitig auch mit der notwendigen Qualität, darum geht es beim Thema Projektmanagement. Viele der Methoden können wir glücklicherweise auch in unserem ganz normalen (Arbeits-)Alltag verwenden.

Ein Fall für Triathleten

Grob können wir die Anforderungen an ein Projektteam in drei Bereiche aufteilen.

- **Fachliche Anforderungen:** Je nach Projekt kann das der Bau eines Bahnhofs oder eines Flughafens sein, eine

Marsmission, ein innovatives IT-System, eine originelle Dienstleistung, eine veränderte Organisation mit neuen Prozessen. Irgendein Zustand wird von A nach B transformiert – und dazu werden die entsprechenden Fachleute benötigt: je nach Thema beispielsweise eine begnadete Programmiererin oder ein pfiffiger Organisationsexperte. Fachliche Lücken können typischerweise mit Schulungen oder mit dem Zukauf externen Know-hows ausgeglichen werden – und im Projektverlauf lernen wir alle dazu. Das ist toll und oft wirklich beeindruckend.

- **Administrative Anforderungen:** Als die Aufgaben immer komplexer geworden sind, haben (sehr vereinfacht ausgedrückt) schlaue Ingenieure den Grundstein für das moderne Projektmanagement gelegt – da gibt es Methoden zur Planung, zur Durchführung, zum Messen, Bewerten und Steuern. Auch wenn es manchmal extrem knifflig werden kann, das Ganze ist kein Hexenwerk. Es wird zwar viel gestöhnt darüber, richtig angewandt (also so wenig wie möglich und so viel wie nötig) ist der Nutzen jedoch oft höher als vermutet.
- **Psychologische Anforderungen:** Hier wird es meist richtig kompliziert – es geht um den Faktor Mensch. Das Spannendste und Aufregendste in Projekten sind die Menschen und ihre Interaktionen – und gleichzeitig die entscheidenden Erfolgsfaktoren, wenn alles wie gewünscht klappt. Projektleitung wird an dieser Stelle zur echten Führungsaufgabe. Flexibilität, Zielorientierung und Konfliktfähigkeit sind gefordert. Teams auf Zeit

benötigen stark integrative und situative Führung und hohe Kompetenz in fachübergreifender Kommunikation.

Es gibt regelmäßig Untersuchungen, warum Projekte trotz der vielen Ausbildungen und Zertifikate zum Thema immer noch viel zu oft scheitern. Ein gravierender Punkt für das Gelingen eines Projektes ist die soziale Kompetenz der Teammitglieder und natürlich insbesondere des Projektleiters. Deshalb wird es in diesem Buch nicht nur um Zahlen, Daten und Fakten zu den administrativen Themen gehen wie um Meilensteine, Statusberichte und solche Dinge, sondern insbesondere um die „Soft Facts" für Punkt drei.

Crashkurs Projektmanagement

Für die Liebhaber von Kurzanleitungen gibt es diese schon vorab.

- Suche die richtigen Leute für Dein Projekt aus.
- Gib ein herausforderndes Thema vor.
- Lege wenige, klare und einfache Richtlinien fest.
- Halte Deinen Leuten den Rücken frei.
- Greife nur ein, wenn es nötig ist.

Im Falle des Umzugs sollte das doch keine Probleme bereiten, oder? Vergesst die Einweihungsparty nicht!

Da fehlt doch noch was

Ich bin Euch noch eine Erklärung schuldig. Was soll denn bitte die Überschrift? Neben dem Marketingmotto „Sex sells" hat es damit tatsächlich eine Bewandtnis. Mein wichtigstes Anliegen, das ich vermitteln will, ist nämlich neben den Soft Facts: Projektarbeit und Projektleitung machen tierisch viel Spaß. Leider gilt dies – wie bei gutem Sex und gutem Essen – nicht rund um die Uhr.

Oft überlegen wir bei gewohnten Abläufen gar nicht, ob es eine geschicktere Lösung gibt: „Warum einfach, wenn es auch umständlich geht?" Um dem abzuhelfen, müssen wir natürlich nicht gleich alles in Frage stellen – die eine oder andere geniale Verbesserung kann uns jedoch viel Zeit und Energie sparen. Die dazu erforderliche Kreativität gelingt uns am besten, wenn wir entspannt sind und die Dinge mit etwas innerem Abstand betrachten können.
Ich glaube, so etwas Ähnliches meinte meine Oma, wenn sie sagte: „Faul darf man sein, nur nicht dumm." Sie wäre sicher eine gute Projektleiterin geworden.

Kompetente
Organisation
für
Technologie-
Zentren

ANAKONDA geht gar nicht

Jetzt geht's los

Ein Kunde kommt um die Ecke oder ein Chef-Chef hat Zukunftsvisionen: Die Projektidee ist geboren. Aufgrund Eurer überragenden Fähigkeiten und rundum bekannten Kompetenzen werdet Ihr auserkoren, die Leitungsfunktion für das künftige Projekt zu übernehmen.

Elefanten essen

Alles klar? Oder macht sich hinter Eurer stolzgeschwellten Brust eine kleine Unruhe bemerkbar? Vielleicht habt Ihr ja noch keine oder nicht viele Projekte hinter Euch? Lasst Euch nicht abschrecken, wenn Ihr jetzt nicht auf Anhieb wisst, wie oder mit was Ihr anfangen sollt. Auch beim Essen eines Elefanten gilt: „Stück für Stück." Schwirrt Euch jetzt zu Beginn der Kopf, kann es helfen, wesentliche Stichworte für den späteren Gebrauch zu notieren.

Zum Einstieg ein wichtiger Tipp: Die Zeit, die Ihr jetzt in die Vorarbeit steckt, lohnt sich – oder andersherum: Was jetzt versäumt wird, schmerzt später unsäglich.

Was genau und was alles nicht?

Die erste Hürde, die zu nehmen ist (und häufig ignoriert wird), ist die Auftragsklärung. Die Projektidee und der Kundenauftrag sind oft mehr als vage. Der Auftraggeber ist natürlich froh, wenn er sein Thema erst einmal bei uns platziert und damit seine Ruhe hat. Im schlimmsten Fall merken wir dann beim vermeintlichen Projektabschluss, dass knapp vorbei nun einmal auch daneben ist. Und dann bessern wir nach und bessern nach und wundern uns, wenn die Kosten bei unseren Projekten aus dem Ruder laufen. Also hartnäckig sein und penetrant nachfragen, bis Euch beiden (!) genau klar ist, was der Kunde will – und, ganz wichtig, was nicht!

Let's talk about …

Ich hoffe, Ihr seid Kommunikationsexperten – sonst schnell nachholen. Denn nun empfehle ich, redet mit allen, die etwas zu dem Thema wissen (könnten).

Natürlich kann auch im stillen Kämmerlein viel gelesen und geforscht werden. Wir erfahren allerdings viel, viel mehr, wenn wir mit Menschen reden. Da entdecken wir dann vielleicht sogar ein wichtiges K.-o.-Kriterium für das Thema, oder warum der Chef-Chef so heiß darauf ist, wer als graue Eminenz im Hintergrund agiert und wer als Strippenzieher. Und genau diese Leute für das Thema zu begeistern und auf unserer Seite zu wissen, ist eine der wertvollsten und wichtigsten Vorarbeiten für ein gelingendes Projekt – gegen deren Willen geht nämlich (fast) gar nichts. Von wegen „die Fakten sind entscheidend".

Netzwerken

Ein großer Vorteil ist es, wenn Projektleiter gut vernetzt sind – und zwar mit qualitativ wertvollen Kontakten auf möglichst vielen Hierarchieebenen und in vielen Bereichen. Da bekommt man dann problemlos auf dem „kleinen Dienstweg" einen Termin oder bei Gelegenheit in der Kaffeeküche einen wertvollen Tipp, und auch Eure Wunsch-Mitarbeiter lassen sich plötzlich viel leichter für Euer Projekt freischaufeln. Also: Netzwerken lohnt sich, man kann gar nicht früh genug damit anfangen. Vergesst die Sekretariate nicht: Da sitzen die Menschen, die Euch gerne den Zugang zu wichtigen Leuten deutlich erleichtern werden – soweit die Chemie stimmt.

Worken und shoppen

Als nächstes empfehle ich Workshops nach dem Motto „Ihr workt, ich shoppe". Damit meine ich – ladet aus allen Bereichen, die für das Thema relevant sein könnten, Leute ein, und sammelt mit denen die wichtigen Antworten auf Eure Fragen. Ihr habt noch keine? Auch gut. Dann sammelt im ersten Schritt gemeinsam welche. Ihr werdet staunen, wie viel Input Ihr bei den Meetings bekommt. Sicher auch manches Überflüssige. Mit etwas Glück und einer guten Auswahl der Teilnehmer passiert jedoch schon viel auf dem Weg zu einem gelingenden Projektstart.

Und was Ihr dabei nebenher so ganz nonchalant miterledigt – Euer Projekt wird schon rundum bekannt, und Ihr bekommt den Ruf, dass Ihr kreative und aktive Mitarbeit zu schätzen wisst. Das kommt bei den meisten Leuten richtig gut an.

Eigenmotivation

Wie geht es Euch denn selbst mit der Aussicht, dieses spezielle Projekt leiten zu dürfen? Super? Perfekt! Wenn nicht, dann gibt es noch eine ganz essenzielle Aufgabe. Schaut Euch an, was an dem Projekt klasse für Euch sein könnte. Ein spannendes Thema, die Projektleitung an sich, ein Karrierekick – irgendetwas, das Euch richtig an der Aufgabe reizt. Wenn Ihr überhaupt nichts findet, habt Ihr ein Problem. Wie wollt Ihr Euer Projektteam motivieren und für die Aufgabe begeistern, wenn Ihr selbst das alles äußerst bescheiden findet? Im Notfall: Man kann die Übernahme der Projektleitung auch ablehnen. Aber das wäre ja schade. Also weitersuchen – der innere Motivator hat sich vielleicht nur versteckt.

Das Kind braucht einen Namen

Eine richtig schöne gemeinsame und teambildende Aufgabe ist es, dem künftigen Projekt einen passenden Namen zu geben. Toll ist, eine Bezeichnung zu finden, die einen schönen Kurznamen abgibt. Aber Vorsicht: die „Technische Ausstattung für Universitäten und Behörden“ wird mit TAUB nicht auf offene Ohren (sic!) stoßen, auch TABU ist nicht wirklich prickelnd. Mit ein bisschen Wortakrobatik geht vielleicht TOPAS: Technik, Organisation und Prozesse für Amt und Seminar – der Phantasie sind keine Grenzen gesetzt. Ich wollte einmal ein extrem sportliches Vorhaben ANAKONDA nennen, meine Mitarbeiter wehrten sich allerdings erfolgreich gegen die Würgevorstellung – wir einigten uns auf ZAK*.

Wir alle kennen Tage, die sind alles andere als vergnügungssteuerpflichtig. Ausgerechnet an solchen Tagen fällt es obendrein häufig schwer, uns zum Ausgleich etwas Gutes zu tun. Ja, wir denken oft sogar nicht einmal daran.
Da kann ein Spickzettel hilfreich sein. Auf den notieren wir die Dinge, die uns gut tun, ganz individuell. Bei den einen ist das Meditation oder Yoga, bei den anderen eher Holz hacken, Kampfsport und Joggen.
Für die wirklich schlimmen Tage sollten auch ganz niederschwellige Anregungen dabei sein (unser Wille ist nämlich begrenzt). Nein, es ist nicht die Tafel Schokolade als kurzfristiger Seelentröster. Sondern ein Saunabesuch, einen guten Freund anrufen, die Freundin besuchen, essen gehen. Und als Sahnehäubchen obendrauf gehen wir statt ins Fitnessstudio eine halbe Stunde mit dem inneren Schweinehund Gassi.

* Im Rückblick wäre ANAKONDA tatsächlich ziemlich passend gewesen.

KASSE

Balletttänzer und Astronautin

Projektplanung 1

Stellt Euch vor, Ihr fahrt auf der Autobahn auf eine Nebelwand zu. Direkt vor Euch könnt Ihr alles gut sehen, je nach Nebeldichte wird es nach 50 oder 100 Metern schon schwierig, und danach ist eigentlich gar nichts mehr zu erkennen.

Intelligent raten

So ähnlich geht es uns, wenn wir ein Projekt planen. Wir wissen ja schon, dass das Ganze eine einmalige Angelegenheit ist, wir können also nicht alles „wie immer" machen – wir müssen an vielen Stellen intelligent raten. Vieles, was wir dazu gut gebrauchen könnten, erarbeiten wir leider erst im Projekt – wir stecken also ganz schön in der Zwickmühle.

Deshalb gilt insbesondere für die Planung: so grob wie möglich und so fein wie nötig. Die Kunst besteht natürlich genau darin, diese Grenze zu erkennen. Wenn alles gut läuft, wachsen unsere Projekte mit unseren Fähigkeiten – das ist ein bisschen wie mit dem Jonglieren. Da halte ich als Anfänger auch nicht gleich zehn Bälle in der Luft, sondern fange klein an. Am meisten Spaß macht Projektarbeit dann, wenn wir „einen Ball zu viel" bekommen.

Gemeinsam sind wir stark

Zum Glück sind wir mit allen Beteiligten schon bestens vernetzt, und so gibt es für unsere Planungsthemen sicher wieder ein paar Workshops mit den einen oder anderen künftigen Projektmitarbeitern. Wir werden super unterstützt, und notfalls gibt es Expertenwissen zu kaufen, wenn es doch zu viele Bälle sein sollten.

Wie wir noch sehen werden, lohnt es sich, alles aufzuschreiben, nebenher lernen wir dabei schon eine Menge. Je nach Projektinhalt und nach Komplexität wird das Dokument mehr oder weniger umfangreich – die grundsätzlichen Überlegungen sind jedoch identisch.

Lasst uns am Beispiel eines perfekten Verbrechens einmal anschauen, was bei der Planung alles richtig gemacht werden kann.

Quo vadis?

Ihr wisst sicher noch, dass wir ein Projektziel benötigen. Je genauer wir dieses definieren und uns nach erfolgreicher Tat vorstellen können, desto leichter fällt uns der Rest. Da geht es dann schon los: Gehört die Definition des Verbrechens mit zum Projekt? Dann sind wir deutlich mehr in besagtem Nebel, was die Zielvorstellung angeht.

Ist das Projektteam für die Vertuschung der Tat zuständig? Was gehört alles nicht zum Projekt? Auch der Nutzen will überlegt sein – in den seltensten Fällen dürfte es nur darum gehen, überschüssiges Geld loszuwerden und die Leute vom Nichtstun abzuhalten. Im Notfall kann man jetzt das Vorhaben noch stoppen, falls weit und breit kein Nutzen erkennbar ist.

Sekt oder Selters?

Können wir uns das Ganze denn überhaupt leisten? Was kostet die Abhöranlage, was die weiße Weste und was benötigen wir an Schmiergeld? Was ist unverzichtbar und was ist „nice to have"? Alle Kosten werden aufaddiert, und notfalls muss überlegt werden, was gestrichen werden kann. Ein finanzieller Puffer ist sinnvoll, denkt an den Nebel. Sollten ein paar Euro übrig bleiben, gibt es bei der Abschlussparty auf den Bahamas eben Champagner statt Selters.

Toll ist, wenn die Kosten kleiner sind als die Einsparungen und Gewinne, die wir mit dem Projektergebnis erwarten – das nennt sich dann „Return Of Invest" (ROI). Leider fließen in die Gewinnerwartungen häufig Wunschdenken und Wunderglauben ein, wenn das Projekt ausreichend gewollt ist.

Alles zu seiner Zeit

Parallel erstellen wir einen Zeitplan, wer wann was macht und in welcher Reihenfolge. Dabei fassen wir ähnliche Aufgaben zu Arbeitspaketen und diese zu Teilprojekten zusammen, die später parallel laufen. Ein Teilprojektleiter kümmert sich dann beispielsweise um das Zielobjekt, ein anderer um die komplette Organisation.

Das Alibi wird besser schon vor dem Verbrechen organisiert, die Flucht findet danach statt – nicht alles ist so offensichtlich. Vielleicht steht der Tag für die Tat auch schon unverrückbar fest? Wer kümmert sich um das Opfer, und wie viel Zeit benötigen wir für das Auffinden korrupter Polizisten? Sind ausreichend Helfer vorhanden, oder sind alle im Urlaub?

Fluchtauto nicht vergessen

Plant auch hier etwas Puffer ein, allerdings nicht pro Handgriff, der zu erledigen ist. Es wäre jedoch ausgezeichnet, wenn das Fluchtauto am Tag X auch wirklich vorhanden wäre und nicht erst eine Woche später.

Vorsicht, sportlich darf die Planung durchaus sein. Puffer sind für unvorhersehbare Ereignisse und nicht dafür, sich erst einmal einen schönen Lenz zu machen. Der Stress für die Adrenalin-Junkies unter uns kommt auch so noch früh genug.

Ach ja, Probleme verändern sich dadurch, dass wir sie bearbeiten. Deshalb kann es bei zu vielen Unklarheiten oder einer zu langen Laufzeit sinnvoll sein, ein Projekt in mehrere Phasen aufzuteilen und ausschließlich die erste Phase genauer zu planen, den Rest nur sehr grob.

Prognosen sind schwierig

Das war der erste Teil der Planung. Ich finde, Karl Valentin hat die Schwierigkeiten beim Planen hervorragend auf den Punkt gebracht: „Prognosen sind schwierig, besonders wenn sie die Zukunft betreffen.“ Wir hätten uns ja als Kind auch nicht träumen lassen, dass wir eines Tages ein perfektes Verbrechen planen sollen – dabei hatten wir doch Lokomotivführer oder Balletttänzer, Dinosaurierforscherin oder Astronautin werden wollen.

„So viel wie nötig, so wenig wie möglich" ist nicht nur in Projekten ein gutes Leitmotiv. Ist die Planung eher grob oder fein sinnvoll? Bin ich lieber ehrlich oder sehr höflich? Kontrolliere ich gern oder schenke ich viel Vertrauen? Gibt es massig Zeit und Geld oder knapse ich an allen Ecken und Enden? Wie genau sind die Tests?
Es gibt keine Möglichkeit, für jede Situation fixe Regeln aufzustellen, wie viel genau notwendig und wie wenig möglich ist. Wir sind jederzeit gefordert, ein gutes Gespür zu entwickeln, wach und präsent zu sein und zu bleiben. Dann können wir bei Bedarf sofort reagieren.
Als Kind habe ich gerne einen Stab senkrecht auf den Fingerspitzen balanciert. Damit der Stab nicht kippt, muss jede Schwankung gespürt und ausgeglichen werden. Solch ein Geschick ist auch bei der Feinjustierung der Balance in Projekten äußerst hilfreich.

GOLD?
GOLD?

Gold und Diamanten

Projektplanung 2

Ich hoffe, Ihr habt den ersten Teil der Planung unseres perfekten Verbrechens gut verdaut – die Projektziele, die Finanzen und die Termine sind soweit eingetütet, die Personen eingeteilt. Bei der Erarbeitung all dieser wichtigen Planungsteile haben wir (hoffentlich, vermutlich) einen guten Überblick über unsere Vorgehensweise entwickelt.

Sonst noch was?

Sind wir auf das Ergebnis eines anderen Projektes angewiesen? Gibt es eine Bande, eine Organisation oder einen Gangsterboss, die mitreden wollen und die wir zufriedenstellen müssen? Da kann es später – und zwar ganz sicher in einer richtig brenzligen Situation – zu mehr oder weniger interessanten Machtspielchen kommen. Viel besser und äußerst klug ist es, proaktiv auf diese wichtigen Leute zuzugehen und sie ausreichend einzubeziehen. Dann bekommen wir im Ernstfall Unterstützung und dürfen auf pragmatische Lösungen hoffen, wenn es brennt.

Im echten Leben habt Ihr keinen Gangsterboss? Na ja, das lässt sich alles übertragen: Vielleicht ist ein Lenkungsausschuss zu etablieren, der Betriebsrat ist (je nach Thema) zu informieren oder liefert wichtige Vorgaben, und die Sicherheitsleute wollen auch gehört und deren Anforderungen beachtet werden – schaffen wir uns doch ganz einfach einen guten Ruf und planen das alles mit ein.

No risk, no fun

Risikoanalysen begleiten uns über das gesamte Projekt, erstmals schauen wir uns das Thema bei der Planung genauer an. Lasst Eurer Phantasie freien Lauf – oft sind es gerade die unwahrscheinlichsten Vorkommnisse, die ein schönes Vorhaben scheitern lassen. Habt Ihr alles?

Wie wahrscheinlich ist es, dass uns jemand vorab verpfeift? Hoch, mittel, gering? Und wie schlimm wird sich das auswirken? Können wir die Folgen gut verkraften oder steht uns womöglich die Katastrophe ins Haus?

Was tun, sprach Zeus

Welche Maßnahmen sind sinnvoll? Wollen wir das Risiko übertragen, indem wir einen Strohmann vorschicken und uns im Hintergrund halten? Oder reicht es, das Risiko zu minimieren, indem wir alle Mitwisser bestechen oder glaubhafte Drohungen aussprechen? Wir können die Gefahr natürlich auch nach Abwägung aller Randbedingungen akzeptieren oder dafür sorgen, dass niemand von unserem Vorhaben weiß und damit das Risiko nicht mehr vorhanden ist. Alles Dinge, die für jede einzelne Bedrohung unseres Projektes bedacht werden wollen. Natürlich macht Ihr auch das nicht alleine, und die Liste muss nicht sofort vollständig sein, sie wird Euer ständiger Begleiter und regelmäßig aktualisiert.

Schiffbruch erleiden? Von wegen!

Sich schon bei der Planung zu überlegen, was die Erfolgsfaktoren für das Projekt sind, ist eine lohnende Angelegenheit, die leider oft vernachlässigt wird. Schwierig wird es noch früh genug – wenn wir mit Selbstvertrauen unser Projekt starten, sind wir deutlich besser als nur mit dem vor Augen, was alles schiefgehen kann.

Der Gangsterboss ist auf unserer Seite, ein ganz entscheidender Punkt (wenn nicht, haben wir vermutlich ein massives Problem). Die Planung fand im Rahmen einer ausführlichen Vorstudie* statt, so dass schon total viel Wissen vorhanden ist. Die Mitarbeiter sind gewiefte Ganoven, und der Projektleiter ist gut mit allen vernetzt. Es gibt vielleicht Standards, an denen wir uns orientieren können – schaut auf Euer Projektteam und Euer Thema und sammelt, was gut laufen kann. Das schweißt auch super zusammen, Mitarbeiter finden es klasse, wenn sie echte Wertschätzung spüren.

Euch fällt nichts ein? Dann fragt Euch mal, was geschehen muss, damit das Projekt eindrucksvoll Schiffbruch erleidet. Das Gegenteil davon sind häufig unsere schönsten Erfolgsfaktoren – die nehmen wir seltsamerweise gar nicht wahr, weil sie uns selbstverständlich scheinen.

* Ist das Projekt richtig groß und komplex, ist eine Vorstudie sinnvoll. Die kann dann – wie bei einer russischen Matrjoschka – wieder aufgezogen werden wie ein (kleineres) Projekt.

Tabelle 1:
Risikotabelle des Gangsterbosses im Vorfeld des perfekten Verbrechens, unsortiert

	Risiko	wie wahrscheinlich?	wie schlimm?
!	uns fällt kein geeignetes perfektes Verbrechen ein	mittel	gering
!!	wir werden erwischt	mittel	hoch
!!	Unbestechlichkeit, beim Bestechungsversuch Verhaftung	gering	hoch
!!!	verhaftete Gangster „singen" und ziehen mich mit rein	mittel	hoch
!!	ich finde keine geeigneten Mitarbeiter	gering	mittel
!	Imagegewinn bleibt aus	hoch	gering
!!	das Fluchtauto springt nicht an	gering	hoch
!!	die Konkurrenz ist schneller	mittel	mittel
!!!	Mutter übernimmt das Kommando	hoch	hoch

! Noch im grünen Bereich !! Vorsicht, im Auge behalten !!! Alarmstufe Rot

Maßnahme	
Risiko …	konkret
minimieren	Workshops, Brainstorming und andere Kreativitätstechniken, Filme, Bücher als Vorlage
minimieren	gute Planung, Bestechung, richtige Mitarbeiter wählen, wasserdichtes Alibi
übertragen	Strohmann einsetzen für Bestechungen
minimieren	Image als gnadenloser Rächer aufbauen, Abschreckung, Drohung
vermeiden	hohe Belohnungen, Ruhm und Ehre in Aussicht stellen, notfalls Erpressung
akzeptieren	Mist, ist wohl der Preis fürs perfekte Verbrechen – keiner merkt's!
minimieren	zweite Fluchtmöglichkeit planen, gute Ausreden, vorher Inspektion
vermeiden	Konkurrenz rechtzeitig verpfeifen oder um die Ecke bringen
minimieren	endlich daheim ausziehen, abnabeln, mit meinem Analytiker darüber reden

Kreative Spätzünder

Spätestens jetzt kommt der Zeitpunkt, an dem wir von der Mühe profitieren sollten, dass wir alles aufgeschrieben haben. Gebt Euer Planungsdokument allen zu lesen, die mit dem Projekt zu tun haben werden – jetzt kann Grundsätzliches noch leicht geändert und nachgebessert werden, später tut das richtig weh. An der Stelle wird noch eines deutlich: Wir sollten schon beim Schreiben an die zukünftige Leserschaft denken. Also nicht zu ausführlich, das liest sonst keiner. Aber auch nicht nur Stichworte, sonst verstehen nicht einmal wir selbst ein halbes Jahr später, was wir damit sagen wollten.

Wenn nun die wichtigen Leute Inhalt und geplantes Vorgehen abnicken*, haben wir es später deutlich leichter, wenn irgendein kreativer Kopf Ideen entwickelt, was wir zusätzlich mit im Projekt erledigen könnten (von denen gibt es immer ausreichend viele rund ums Projekt). Dann muss der kreative Kopf nämlich auch gleich sagen, was dafür weggelassen wird oder wie er die Terminverschiebung und die höheren Kosten den Kunden schmackhaft machen will.

Nach dem Planen kommt das Improvisieren

Auch wenn es schwer fällt und wir uns das gerne anders wünschen: „Sicher ist, dass nichts sicher ist. Selbst das nicht." (Ringelnatz)

Wir sollten uns von der Illusion verabschieden, die Zukunft perfekt planen zu können, und uns stattdessen mit unserer Planung auf eine ungewisse Zukunft einstellen. Lasst

* Nach der Freigabe starten wir mit einem Kick-off-Meeting mit allen Beteiligten offiziell ins Projekt.

uns die Augen offenhalten für alles, was kommt! Goldgräber übersehen leicht die Diamanten – weil sie ja nach Gold suchen.

Könnt Ihr jonglieren? Super! Falls nein – das lässt sich lernen. Jonglieren trägt zur Entspannung bei und ist gut fürs Gehirn. Zu Beginn klappt das natürlich nicht gleich flüssig und geschmeidig, das braucht etwas Übung. Die jedoch lohnt sich: Beide Gehirnhälften werden gleichmäßig gefordert und synchronisiert, eine hervorragende Übung zum Abschalten. Und Abschalten hilft dann wieder dem kreativen Denken auf die Sprünge.
Darüber hinaus lernen wir ganz nebenbei ausgezeichnet, dass es erforderlich ist, ab und zu (einen Ball) loszulassen, um alles im Fluss zu halten.

PROBLEM

Das ist ja kinderleicht!

Das Projektteam 1

Heureka, die Planung unseres Projektes haben wir – zumindest fürs Erste – erledigt. Natürlich in dem Wissen, dass es erstens anders kommt und zweitens als man denkt. Unser Plan wird uns jedoch helfen, mit unserem Vorhaben auf der Zielspur zu bleiben. Es ist sehr wahrscheinlich, dass wir rechtzeitig merken, wenn etwas komplett aus dem Ruder zu laufen droht.

Es menschelt

Jetzt schauen wir uns genauer an, wie das mit der Zusammenarbeit im Projekt klappen wird. Natürlich ist jedes Projektteam einzigartig, doch geht es zu Beginn immer darum, aus einem zusammengewürfelten wilden Haufen von Individualisten ein schlagkräftiges Team zu entwickeln, mit dem die Zusammenarbeit richtig Spaß macht.

Kommt Ihr Euch manchmal in Besprechungen vor wie im Kindergarten? Nicht verzagen: Das ist normal!!! Habt Ihr sehr erfahrene und hochentwickelte Kollegen, dann geht das Folgende relativ geräuschlos über die Bühne, bei jungen Teams kann die Zeit des Zusammenwachsens den Projektleiter jedoch durchaus ein paar graue Haare kosten.

In „feiner" Gesellschaft

Wenn es darum geht zu beschreiben, wie wir miteinander umgehen, wenn wir noch „fremdeln", fällt mir gleich die feine Gesellschaft ein: Wir benehmen uns „salonfähig". Als kleines Kind haben wir uns vor Unbekannten hinter einem Erwachsenen (oder notfalls hinter den eigenen Händen) versteckt und skeptisch um die Ecke gelugt. So viel anders ist das heute auch nicht. Wir verhalten uns vorsichtig, sind distanziert, tasten erst einmal ab und sind höflich. Hoffentlich auch gespannt, total neugierig und offen allen anderen gegenüber. Im Zweifel verbergen wir unsere Angst hinter dem Versuch, forsch vorzupreschen und den Chef rauszuhängen – mit unserem wahren Charakter outen wir uns jedoch lieber noch nicht.

Das Arbeiten geht in diesem Zustand nicht wirklich prima vonstatten – wir verbraten viel zu viel Energie damit, einen guten Eindruck zu machen.

Auf dem Hühnerhof

Es ist natürlich viel zu anstrengend, uns auf Dauer selbst zu kontrollieren – in der zweiten Phase der Teamentwicklung geht es dann entsprechend heftig zu. Da können Konflikte aufbrechen und durchaus persönlich ausgetragen werden, es geht tatsächlich um die berühmte Hackordnung, die festgelegt werden muss: „Wenn du mir mein Förmchen klaust, schmeiße ich mit Sand!“ Wer ist Platzhirsch? Wer gewinnt? Jeder steckt sein Revier ab – und verteidigt es bei Bedarf mit unfairen Mitteln. Wir beharren auf unseren Werten und Ansichten und gehen mit fast jedem, der anderer Meinung ist, in Konfrontation. Ihr seid eher harmoniesüchtig oder unterdrückt die Konflikte sofort mit autoritären Ansagen? Vorsicht – der Platz unter dem Teppich ist begrenzt, und unausgetragene Konflikte werden spätestens in der nächsten Hochstressphase zur Stolperfalle.

Auch in dieser Zeit arbeiten wir nur sehr mühsam, plötzlich macht sich Ernüchterung breit, und das tolle Vorhaben erscheint als völlig auswegloses Unterfangen.

Zur Sache, Schätzchen!

Zum Glück für unser Projekt kommen wir nach ausreichend Zoff endlich in die dritte Phase. Jetzt wissen wir, wer mit wem gut kann und an welcher Stelle wir eher vorsichtig miteinander umgehen müssen, wir sind konsenswillig und finden in eine sinnvolle Zusammenarbeit mit einem gemeinsamen Ziel. Wenn es Konflikte gibt, sind die sachlich begründet und können sachlich gelöst werden. Auf dem Spielplatz vertrauen die Schwachen darauf, vom „Chef“ beschützt zu werden, und teilen dafür brüderlich die Schokolade mit ihm.

Wir sind endlich gut organisiert und können die uns gestellten Aufgaben wirklich Erfolg versprechend angehen. Das darf sich durchaus in einem tollen und verbindenden

Wir-Gefühl bemerkbar machen. Und zwar ganz ohne „wir haben uns alle lieb“-Gedöns.

Äußerst selten und fast schon langweilig

Dream-Teams kooperieren und erledigen ihre Aufgaben konstruktiv, sie organisieren sich selbst, sind flexibel, kreativ, offen und solidarisch, voller Vertrauen. Alle helfen sich gegenseitig, können sich aufeinander verlassen, keiner drückt sich. Die Arbeit flutscht.

Ganz versunken und einträchtig spielen die Kinder miteinander, teilen die Spielsachen, alles eitel Sonnenschein. Das klappt jedoch meist nur, bis ein Erwachsener daherkommt und seinen Senf dazugibt oder bis der neue Bagger zu neuem Streit führt.

Stetiger Wandel

Auch unser Projektteam reagiert äußerst sensibel: Jeder Personalwechsel, jede Zieländerung lässt die Mannschaft „zurück auf Los“ gehen. Aber keine Angst, das muss keine mittlere Katastrophe sein. Jetzt profitieren wir immens davon, dass wir uns zu Beginn ausreichend Raum und Zeit für das Zusammenwachsen gegeben haben. Die ersten beiden Phasen bewältigen wir dadurch im Nu und sind ratzfatz wieder arbeitsfähig. Wird allerdings fast die gesamte Truppe ausgetauscht, nehmen wir uns selbstverständlich aufs Neue ausreichend Zeit.

Freut Euch daran, wenn Ihr ein Team in einem stabilen dritten Stadium habt, das ist wirklich super.

Hundert Tage Schonzeit?

Projektarbeit soll von Beginn an hocheffektiv und effizient funktionieren – da ist keine Rede von hundert Tagen Schonzeit. Wie das gehen soll? Wir sind ja glücklicherweise kluge Köpfchen. Jetzt winkt die dicke Belohnung dafür, dass wir bei der Projektvorbereitung so viele Workshops gemacht haben und dass wir schon lange als Qualitätsnetzwerker unterwegs sind. Sobald wir im Projekt richtig mit der Arbeit loslegen wollen, haben wir mit etwas Glück die ersten beiden Phasen der Teamentwicklung schon ohne große Verluste hinter uns gebracht und können nun kinderleicht mit der richtigen Arbeit loslegen.

Ein Kollege meinte einmal über einen Chef: „Der hat bisher nichts falsch gemacht, aber es wirkt alles wie angelesen und auswendig gelernt."

Damit das niemand über uns sagt, hier ein kleiner Tipp: Lernt möglichst viel über Menschen, über Kommunikation, über Konflikte. Und wenn Ihr dann einem konkreten Menschen begegnet, vergesst alle Theorie und lasst Euch auf Euer Gegenüber ein. Nicht nur Projekte, auch Beziehungen sind einmalig! Und Menschen sowieso.

Toll, ein andrer macht's?

Das Projektteam* 2

Neulich im Projektbüro …

PAPIERKORB: He, ist da jemand? Hier wird mal wieder der ganze Mist abgeladen, hat eigentlich noch jemand den Durchblick?

LAMPE: Von hier oben zumindest den Überblick – um was geht's denn?

PAPIERKORB: Ich frage mich, warum manche Projekte super laufen und manche so gar nicht?

LAMPE: Tja, da gibt es natürlich viele Einflussfaktoren. Beispielsweise, ob die richtigen Leute im Team sind.

PAPIERKORB: Ach, Team, das kenne ich, das heißt doch „toll, ein andrer macht's"! Was sind denn deiner Meinung nach „die richtigen Leute"?

LAMPE: Gute Frage! Erst mal müssen die natürlich fachlich möglichst fit sein, ein Bauprojekt benötigt schließlich andere Kenntnisse als ein IT-Projekt. Aber nicht immer sind die klügsten Köpfe auch die, die wirklich gut zusammenarbeiten können.

* Basiert auf dem Rollenmodell nach Meredith Belbin

PAPIERKORB: Hi-hi, das ist natürlich für eine große Leuchte wie dich frustrierend. Dann ist es sicher am besten, ich nehme lauter Teamplayer, die bekommen nicht gleich Pickel, wenn sie zusammenarbeiten sollen.

LAMPE: Super Idee! Aber Vorsicht, wenn du lauter Teamplayer hast, kann es sein, dass du ab und zu nicht handlungsfähig bist, weil die selbst im Notfall immer noch dabei sind, „jeden mit ins Boot zu holen". Da saufen dann alle ab, weil keiner den Mumm hat, „von Bord zu gehen" und Befehle zu geben. Und nicht immer sind kooperative Lösungen die besten Lösungen.

PAPIERKORB: Okay, dann nehme ich noch ein paar Macher dazu, die mischen den Laden ein bisschen auf und bekommen eine Krise, wenn erst ein Stuhlkreis zum „drüber Reden" gebildet wird.

LAMPE: Genau, da darf es dann auch mal krachen, Macher nehmen nicht auf alle Gefühle Rücksicht. Die haben ausreichend Energie, das dann auszuhalten. Übrigens, was hältst du davon, für die gute Qualität auch einen Perfektionisten mitzunehmen?

PAPIERKORB: Der sorgt dann sicher dafür, dass ich mit dem unterirdisch unausgegorenen Zeug gefüllt werde, das der Berufsoptimist entworfen und womöglich als Vertriebler schon den Kunden versprochen hat. Aber solange der Perfektionist kein miesepetriger Bedenkenträger ist, warum nicht?

LAMPE: Der darf dann regelmäßig die Risikoanalyse machen, dafür benötigst du ja auch jemanden. Übrigens, dein Berufsoptimist kann zumindest am Anfang als Wegbereiter eine große Hilfe sein, die Dinge auch wirklich in Angriff zu nehmen. Die Gefahr besteht jedoch, dass der sich ganz schnell langweilt, wenn das Ganze nicht vorwärts geht.

PAPIERKORB: Au ja, dann quälen wir den noch ein bisschen – oder wir schicken ihn gleich ins nächste Projekt. Was mache ich eigentlich, wenn ich ein Spezialgebiet abdecken muss?

LAMPE: Dann nimmst du natürlich einen Spezialisten dazu. Spezialisten taugen zwar kaum beim Thema Teamzusammenhalt, stören jedoch auch nicht sonderlich. Die sind mehr mit ihrem Fachwissen zugange und entsprechend introvertiert.

PAPIERKORB: Sind das dann die typischen Beobachter?

LAMPE: Kann sein, meistens freilich nicht mal das. Die Beobachter wissen allerdings manchmal wertvolle Dinge, die nicht so offen auf dem Tisch liegen. Gerade weil sie weniger im Vordergrund stehen, bekommen sie die Dinge „zwischen den Zeilen" gut mit. Wenn du Projektleiter bist, lohnt es sich, die ab und zu explizit nach ihrer Meinung zu fragen. Am besten außerhalb der gemeinsamen Besprechungen, weil die sich nicht so gerne vor allen anderen frei äußern, und als Inspirationsfuzzi nimmst du besser jemand anderen.

PAPIERKORB: Gibt es eigentlich auch jemanden, der die ganze Arbeit macht?

LAMPE: Ups, ein paar Umsetzer benötigst du natürlich noch, die zuverlässig und brav ihre Aufgaben abarbeiten.

PAPIERKORB: Von denen kann ich also nie genug haben?

LAMPE: Auch das hat zwei Seiten. Gerade in Projekten gibt es immer wieder Änderungen, da tun sich die Umsetzer oft richtig schwer, Flexibelchen sind das keine.

PAPIERKORB: Gibt es sonst noch Rollen, die für ein Projektteam sinnvoll sind?

LAMPE: Eigentlich nur noch zwei. Ein „Daniel Düsentrieb" kann für gute Ideen sehr hilfreich sein, was die Kommunikation angeht, sind die Erfinder jedoch nicht immer die Begnadeten. Kommunizieren kann neben dem Vertriebler und dem Teamplayer meistens der Integrator richtig gut, den brauchst du sowieso noch. Der delegiert und koordiniert prima und hat ein Händchen dafür, die Teammitglieder zu integrieren.

PAPIERKORB: Der sollte dann ja als Projektleiter supergut taugen.

LAMPE: Das schadet sicher nicht, der muss nur aufpassen, dass das Team nicht mosert, weil er anscheinend zu viel manipuliert und nur die Arbeit loswerden will.

PAPIERKORB: Wenn ich mir das so anschaue, benötige ich also für jedes gute Team mindestens neun Leute?

LAMPE: Nein, nein, keine Sorge. Die meisten Menschen sind ja nicht so spezialisiert wie du und ich, die decken dann problemlos mehrere Funktionen gleichzeitig ab. Im Ernstfall kann da sogar jeder jede Rolle spielen, halt mehr oder weniger gut. So von oben betrachtet würde ich dafür sorgen, dass es im Ganzen gesehen eine gute Mischung wird. Damit ich das nicht vergesse: Von Vorteil sind auch gemischte Teams, Testosteron und Östrogen ergänzen sich gut.

PAPIERKORB: Spannend, dass jeder Vor- und Nachteile hat – jetzt verstehe ich auch, wie wichtig das mit dem heterogenen Team ist.

LAMPE: Ja, Team heißt dann „toll, ein andrer mag's" – das hört sich doch schon viel besser an.

Jede und jeder von uns hat Erwartungen – häufig ohne diese bewusst wahrzunehmen. Wir merken freilich sofort, wenn unsere Annahmen nicht erfüllt werden. Hoppla, ein Tausender zu viel auf dem Konto? Was macht der Elefant auf der Hauptstraße?
Erwartungen haben wir auch anderen Menschen und uns selbst gegenüber. Tritt dann ein Ereignis ein, wird dieses in Nullkommanix aufgrund unserer Erwartungen bewertet. Dass das so ist, merken wir umgehend an den entstandenen Gefühlen. Darauf haben wir keinerlei Einfluss. Einfluss haben wir jedoch auf unsere Erwartungen. Angemessenheit kann hier ein kluger Maßstab sein.

Die 27 entscheidenden Zentimeter

Erfolgskriterium Qualität

Ihr habt Glück und ein gutes Händchen bei der Mitarbeiterauswahl? Dann ist Euer Qualitätsmanager eine echte Unterstützung, wenn es darum geht, Euer Projekt erfolgreich zu führen. Übrigens: Die allerwichtigste Voraussetzung für die erforderliche Qualität sitzt zwischen unseren Ohren und zwischen denen aller Projektmitarbeiter – und zwar immer und von Projektbeginn an.

Typisch deutsch?

Lasst uns hier genüsslich ein paar Klischees bedienen (diese sind ja deshalb so nervig, weil die Vorurteile durch die Realität häufig noch übertroffen werden). Amerikaner krempeln bei einer neuen Aufgabe die Ärmel hoch und wursteln erst einmal drauflos. Wenn's nix ist, wird halt was Neues ausprobiert. Und wenn es zumindest im Ansatz richtig scheint, wird so lange nachgebessert, bis das Ergebnis ausreichend passt. Unterwegs gehen dann vielleicht ein paar der Anforderungen im Getümmel unter, tja, Pech gehabt – dann kann ja nachgebessert werden. Oder es wird etwas ganz anderes erfunden, auch schön. In der Zusammenarbeit ist das ziemlich spaßig oder stressig, je nach Tagesform und vorhandener Fehlertoleranz.

Ich ticke bei der Vorgehensweise eher typisch deutsch – und meine Erfahrung zeigt, dass es sich lohnt, für halbwegs komplexe Dinge zuerst ein (angemessenes) Konzept zu erstellen. Dann merke ich früh beim Entwurf, an welcher Stelle ich mich verrenne, ob ich mich in die richtige Richtung bewege, oder ob mein Vorhaben womöglich gar nicht wie gedacht umgesetzt werden kann.

Also, ran an die Tasten – egal, ob Software zu erstellen ist, ein Produkt zu entwerfen oder Prozesse zu gestalten. Erstellt Pflichtenhefte, Fachkonzepte, was auch immer die Terminologie für die Dokumente in Eurer Firma hergibt. Im Projektplan ist sicher hinterlegt, wer hierfür wann zuständig ist.

Wer schreibt, der bleibt

Ein Literaturpreis wird Euch zwar nicht geboten für Euer Werk, jedoch gibt es die Pflicht zu einem gemeinsamen Review* – und zwar für jedes Konzept, das im Projekt erstellt wird.

Wir alle sind bei unserem eigenen Geschreibsel immer ein bisschen ehrenkäsig, deshalb ist es sinnvoll, dass der Qualitätsmanager das Review moderiert. Der Autor hört zu, und die anderen Teilnehmer geben ihren Senf dazu.

Und das sind die Pflichtteilnehmer: Die Leute, von denen der Input kommt, haben überprüft, ob alles richtig ver-

* Review: Verfahren zur Überprüfung von Arbeitsergebnissen

standen wurde und ob alles vollständig vorhanden ist, und zwar nicht nur der Standard, sondern auch jeder Sonderfall. Diejenigen, die das Konzept umsetzen dürfen, haben penibel darauf geachtet, ob alles so geht, wie es beschrieben ist, und ob die veranschlagte Zeit und die geplanten Kosten ausreichen. Eventuell müssen wir bei den Kosten und der Zeit nachbessern – oder die goldenen Henkel rausstreichen (schluchz!). Die künftigen Nutzer und Anwender haben schließlich ein scharfes Auge darauf geworfen, ob das Ganze auch ihren Vorstellungen entspricht.

Must have oder nice to have?

Während Eures ganzen Projektes wird in unterschiedlichen Bereichen konzeptioniert, umgesetzt und im Anschluss getestet. Testet, was das Zeug hält – Produkte, Software, Prozesse, was auch immer als (Teil-)Ergebnis im Projekt erarbeitet wird. Am Ende gilt: Was nicht getestet ist, ist mit hoher Wahrscheinlichkeit falsch.

Ist das Qualitätsbewusstsein zwischen den Ohren aller ausreichend ausgeprägt, so sind die Ergebnisse der Umsetzung schon richtig gut. Wenn nicht, dann geht der Schlamassel beim Test erst richtig los. Grundsätzlich hilft es, sich zu sagen, dass Fehler normal sind – und es ist großartig, die gut versteckten zu finden!

Spannend wird es, wenn es darum geht, wie genau getestet werden muss. Beim Kernkraftwerk und beim Flugzeug hoffentlich ganz genau, auch auf die perfekte Perforation des Klopapiers lege ich Wert – ob die Rolle jedoch tatsächlich

200 Blatt hat, habe ich noch nie nachgezählt. Da die letzten fünf Prozent Fehlerbereinigung rund neunzig Prozent der Testkosten produzieren, gilt es abzuwägen, wie hoch die Qualitätsanforderungen tatsächlich sind. Legt großen Wert auf Dinge wie Datenschutz, Sicherheit und Nutzerfreundlichkeit. Und aus der Auftragsklärung wissen wir, welche Aspekte dem Kunden besonders wichtig sind.

Beweist Rückgrat

Glücklicherweise haben wir realistisch geplant, die goldenen Henkel (schluchz!) weggelassen und noch einen kleinen Risikopuffer übrig. Wenn es um die Kosten für die Qualität geht, wird gerne hinterfragt, ob die auch wirklich erforderlich sind – insbesondere, wenn sich am Ende der Umsetzung herausstellt, dass diese mehr Zeit und Geld verschlungen hat als geplant. Im Notfall heißt es stur zu sein und Rückgrat zu beweisen: Entweder übernehmen die drängelnden Quälgeister die komplette Verantwortung für die Qualität, oder Ihr bekommt mehr Luft für Tests und eventuelle Nachbesserungen.

Und nun die Messlatte

Nein, liebe Jungs, bei den entscheidenden 27 Zentimetern aus der Überschrift geht es nicht um einen Größenvergleich. Sondern um ein grandioses Beispiel dafür, was passieren kann, wenn nicht ausreichend konzipiert und geprüft wird. In der Schweiz und in Deutschland wird der Meeresspiegel mit einem Unterschied von 27 Zentimetern definiert. Beim

Bau der Hochrheinbrücke kam es zu einem erstaunlichen Versehen – durch einen Vorzeichenfehler wurden aus den 27 sogar 54 Zentimeter*. Super, gell?

Vielen Menschen fällt es schwer, Fehler einzugestehen. Das kann so weit gehen, dass Mängel vertuscht und verleugnet werden, und zwar so lange, bis auch nicht der klitzekleinste Ausweg mehr zu sehen ist.
Mit unseren Einstellungen und Handlungen widersprechen wir uns alle ab und zu selbst. Das nennt sich kognitive Dissonanz und ist zumindest unangenehm. Teilweise völlig ohne unser Wissen kann unser Gehirn die inneren Spannungen ausgezeichnet durch (notfalls abstruse) Ausreden oder Illusionen reduzieren – es ist schließlich äußerst flexibel. Die allermeisten Plagiatoren und Steuerhinterzieher dieser Welt sind sicher absolut überzeugt davon, grundehrliche Menschen zu sein.
Viel sinnvoller wäre es natürlich, unsere Einstellungen und Handlungen zu hinterfragen, zu überprüfen und zu ändern – das ist allerdings ziemlich mühsam. Wir können in Projekten diesbezüglich keine Wunder bewirken, den erforderlichen Lernprozess jedoch deutlich erleichtern. Es lohnt sich, in eine offene Fehlerkultur zu investieren. Die macht es allen einfacher, zu ihren Fehlern zu stehen.

* Was glücklicherweise noch rechtzeitig bemerkt wurde.

Audit*:
Projekt **Perfektes Verbrechen**, Auszug aus dem Protokoll

Auditor:	Wurde die Planung schriftlich festgehalten?
Doc Dödel:	Klar, soweit sie vorhanden ist. Es steht natürlich auch manches im Plan, das wir so gar nicht machen werden.
Auditor:	Die Planung ist also bisher mehr als lückenhaft? Hat das Projekt denn noch gar nicht begonnen?
Doc Dödel:	Quatsch, wir arbeiten schon. Wir passen halt auf, weil ein perfektes Verbrechen ganz schnell zu einem perfekten Desaster werden kann, wenn wichtige Informationen zum falschen Zeitpunkt an den falschen Stellen durchsickern. Deshalb schreiben wir zu den relevanten Punkten nichts oder nur wenig auf und legen Fährten, die in die Irre führen.
Auditor:	Das klingt jetzt aber nicht nach einer Vorgehensweise, wie sie im Projektmanagement vorgesehen ist.
Doc Dödel:	Habe ich das je behauptet? Viele andere halten sich ja auch nicht daran, wir haben wenigstens eine gute Begründung!
Auditor:	Sind denn die Projektziele SMART, also spezifisch, messbar, attraktiv, realistisch und terminierbar definiert?
Doc Dödel:	Das Ziel „perfektes Verbrechen" passt für uns ausgezeichnet.
Auditor:	Dann sind vermutlich auch die Teilziele und Meilensteine noch schwammig?
Doc Dödel:	Was heißt hier schwammig? Wir sind hochflexibel, das ist das Wichtigste.

* audire lat. hören

Auditor:	Wie wird dann erkannt, dass das Projekt fertig ist? Dass das Projektziel erreicht ist?
Doc Dödel:	Das lassen Sie besser unsere Sorge sein! Wir machen so etwas ja nicht zum ersten Mal.
Auditor:	An der Stelle kommen wir wohl momentan nicht weiter. Wie sieht es mit der Kompetenzregelung für den Projektleiter aus?
Doc Dödel:	Der Gangsterboss als Auftraggeber regelt das nach jeweiliger Tagesform. Da laufen gerade die Verhandlungen, wer das wird.
Auditor:	Haben die Leute im Projektteam wenigstens die notwendigen fachlichen Kenntnisse?
Doc Dödel:	Unter Ganoven ist die gute Beziehung zum Gangsterboss wichtiger.
Auditor:	Und wie sieht es aus Ihrer Sicht mit der menschlichen Qualifikation der Mitarbeiter aus?
Doc Dödel:	Nun ja, wir bewegen uns in einem Milieu, in dem zumindest bisher weitgehend autoritär geführt worden ist. Die Leute spuren, und das werden sie dieses Mal auch tun.
Auditor:	Unsere Zeit ist für heute leider um. Als Ergebnis des Audits werde ich den Auftraggeber an seiner Ganovenehre packen und ihm als erste Maßnahme dringend die Einsetzung eines kompetenten Projektleiters empfehlen.

Sehnsucht nach dem Paralleluniversum?

Souverän Entscheidungen treffen

Leider gibt es auf allen Ebenen Menschen, die Entscheidungen scheuen wie der Teufel das Weihwasser. Werden allerdings Angestellte nach ihren Erwartungen hinsichtlich der Führungskompetenz ihrer Chefs gefragt, landet Entscheidungsfreude regelmäßig auf dem ersten Platz.

Sich nicht zu entscheiden ist dummerweise auch eine Entscheidung. Dann entscheidet die Zeit, der Zufall oder jemand anderes. Wir haben die Verantwortung abgegeben – und entsprechend wenig Einfluss auf das weitere Geschehen, ein absolutes No-Go für gewiefte Projektleiter!

Selbst ist die Frau/der Mann?

Eine elementare Frage zu Beginn: Sind wir überhaupt zum Beschluss befugt und in der Lage? Wenn nein, sollten wir dies kommunizieren und alles so gut vorbereiten, dass das vom Projektteam mit viel Hirnschmalz erarbeitete Wunschergebnis bei den Entscheidungsträgern einen immensen Sog zur Zustimmung erzeugt.

Wenn die Entscheidung beim Projekt liegt – ist das ein Thema für die ganze Mannschaft? Vorsicht: Ihr müsst die Gruppenentscheidung am Ende mittragen. Kommuniziert die Randbedingungen, die einzuhalten sind, damit Ihr nicht bei nächstbester Gelegenheit Eurem Team in den Rücken fallt.

Manchmal ist es jedoch Aufgabe des Projektleiters, auf einen Konsens zu verzichten und einsame Entscheidungen zu treffen.

Die Logiker messen und bewerten

Das Messen und Bewerten von Alternativen gelingt gut mittels einer Entscheidungsmatrix. Als Spaltenüberschriften tragt Ihr die verschiedenen Möglichkeiten ein. In die erste Spalte stellt Ihr für jede Zeile ein Kriterium, das Euch wichtig scheint: die Höhe der benötigten Euros etwa oder den zu erwartenden Spaßfaktor.

Danach geht es ans Ausfüllen jedes einzelnen Feldes. Tragt numerische Werte ein, dann sind am Ende die Ergebnisse am einfachsten vergleichbar. Vergebt am besten je Feld Punkte zwischen null (geht gar nicht) und zehn (spektakulär). Allein diese Vorarbeiten können schon zu ersten bemerkenswerten Erkenntnissen und ziemlich viel Klarheit verhelfen.

Zum Schluss zählt Ihr je Spalte die Punkte zusammen und nehmt die Lösung, die die meisten Punkte hat.

Mist, das falsche Ergebnis?!

Tabelle 2:
Milchmädchens Entscheidungsmatrix: **Wen werde ich heiraten?**, Version 1

Kriterium	Kandidaten			
	Alm-Öhi	Heidi	Max Mustermann	Geißenpeter
Vermögen	8	8	5	8
Humor	5	5	5	8
Gesundheit	2	10	5	9
Alter	1	10	5	8
Intelligenz	10	5	5	1
Summe	26	**38**	25	34

Tabelle 3:
Milchmädchens Entscheidungsmatrix: **Wen werde ich heiraten?**, Version 2

Kriterium	Kandidaten			
	Alm-Öhi	Heidi	Max Mustermann	Geißenpeter
Vermögen	8	8	5	8
Humor	5	5	5	8
Gesundheit	2	10	5	9
Alter	1	10	5	8
Intelligenz	10	5	5	1
Herzklopffaktor	1	0	5	10
Summe	27	38	30	**44**

Matrix, die Zweite

Oh, zum Glück fehlt uns noch eine Zeile mit der Zielgruppe! Die fügen wir schnell ein. Der Philologenverband will schließlich anders bedient werden als der Club der Donaldisten.

Wenn Euch kein weiteres Entscheidungskriterium durch Überlegung oder göttliche Eingebung zufliegen mag, so gibt es die Möglichkeit, die einzelnen Kriterien zu gewichten. Der erwartete Imagegewinn ist doppelt so viel wert wie die Ausgabenhöhe? Dann werden die Werte der Zeile Image einfach mit zwei multipliziert.

Mist, weiterhin nicht zufrieden? Noch immer ein „schlechtes Bauchgefühl"?

Kommunikationsexperten an die Front

Vielleicht haben wir etwas Wichtiges übersehen? Redet mit ganz vielen Leuten, und zwar nicht nur mit Fachleuten und dem besten Freund. Redet mit Menschen, die keine Ahnung von dem Thema haben – Partner, Taxifahrer, der Nachbar in der U-Bahn. Oder mit Leuten, die immer anderer Meinung sind als Ihr und die Ihr vielleicht gerade deshalb gar nicht richtig leiden könnt. Wichtig dabei: Hört aufmerksam zu. Also nicht sofort das Hirn in Gang setzen und „ja, aber …" produzieren. So gelingt es vielleicht, das Problem aus einer völlig neuen Perspektive zu betrachten.

Jetzt wird es etwas gruslig

Überlegt Euch kreative Fragen: Wie würde Euer Chef entscheiden? Euer Konkurrent? Was wäre die schlechteste Lösung? Was kann schlimmstenfalls passieren? Was könnt Ihr dazu tun, dass dieser Fall eintritt? Gibt das neue Denkanstöße? Ist es möglich, eine Interimsentscheidung zu treffen?

Und wie würde der Beschluss ausfallen, wenn morgen (in einer Woche, einem Jahr) Euer Todestag wäre? Dann wäre alles klar? Würdet Ihr die Entscheidung verschieben? Das könnte auch ohne Todestag eine gute Entscheidung sein – zumindest eine Nacht darüber schlafen kann uns etwas Abstand zum Problem verschaffen, und unser Gehirn hat die Chance, in unserem inneren Archiv nach einer guten Lösung zu stöbern.

Kopf oder Bauch?

Die Hirnforschung hat gezeigt, dass wir viel weniger rational entscheiden, als wir uns mit unserem tollen Großhirn im Allgemeinen eingestehen mögen. Dafür gibt es beeindruckende Beispiele:

- Untersuchungen haben gezeigt, dass Richter – für viele der Inbegriff der Rationalität – vor dem Mittagessen härtere Urteile aussprechen als danach. Also, wenn wir jemals vor Gericht erscheinen müssen, dann hoffentlich am frühen Nachmittag*!
- Auf einem harten Stuhl verhandeln wir härter als auf einem weichen – also Vorsicht bei Vertragsabschlüssen!
- 84 % der Franzosen sind sich sicher, zu den 50 % der besten Liebhaber zu gehören.
- Die meisten Menschen setzen mehr Geld in einer Lotterie ein, wenn sie die Zahlen selbst bestimmen dürfen.

* Noch besser ist natürlich ein perfektes Verbrechen ganz ohne Anklage.

- Und der teure Wein schmeckt besser als der (identische) billige.

Gefährlich ist, sich solche emotionalen und irrationalen Einflüsse nicht einzugestehen.

Machen wir doch aus der Not eine Tugend. Gerade in komplexen Entscheidungssituationen kann es ein großer Vorteil sein, wenn wir uns auf unser Erfahrungswissen und auf unsere Intuition stützen können. Es fehlt die Zeit für eine ausreichende Recherche, wir kennen oft nicht alle Einflussgrößen – im Ernstfall kann ein mutiger schneller Entschluss die einzig sinnvolle Möglichkeit darstellen. Wir benötigen unbedingt Kopf **UND** Bauch!

Dumm gelaufen?

Ist die Entscheidung gefallen, dann steht dazu, mit allen Konsequenzen. Hinterher sind wir natürlich (hoffentlich) schlauer, und Fehler korrigieren wir! Ansonsten – wir kennen das Paralleluniversum nicht, das beispielsweise mit einem anderen Partner entstanden wäre. Mit Xaver oder Zenzi an unserer Seite würden wir uns vielleicht nach Anna oder Bert zurücksehnen, die uns momentan so fürchterlich auf den Keks gehen.

Nicht jedem von uns fällt der Spagat zwischen Kontrolle und Vertrauen leicht. Alles im Griff zu haben, kann schließlich in Projekten eine wertvolle Kompetenz darstellen. Wenn es nur nicht so furchtbar schwer wäre, uns gleichzeitig vorbehaltlos mit fremden Ideen zu befassen und das Eigene zu verwerfen.
Improvisationstheater bietet eine herrliche Übungsmöglichkeit, uns auf den Moment und auf das, was gegeben ist, einzulassen. Mal absichtlich die Kontrolle abgeben, vorbehaltlos annehmen, was von den Spielpartnern kommt. Das kann dann sogar urkomisch werden. Ganz nebenbei trainieren wir unsere Präsentationsfähigkeiten, unsere Spontaneität und unsere Schlagfertigkeit. Und nicht zuletzt unsere Kreativität.

NEU

Panikalarm!

Warum Change-Management?

Veränderungen tun weh. Na ja, nicht alle, und der Schmerz ist teilweise äußerst subtil. Achtet einmal darauf, wie es sich anfühlt, wenn Euer angestammter Parkplatz belegt ist oder wenn Eure Lieblings-Schokolade aus den Regalen verschwindet. Ganz schöner Mist, gell?

Aus Alt mach Neu

Nun ist jedes Projekt zwangsweise mit Änderungen verbunden – irgendein Zustand A wird durch das Projekt nach Zustand B gebracht. Sei es eine Organisation, die neu entsteht, ein System, ein Flughafen, irgendein Rad wird neu erfunden. Bei manchen Projekten entsteht zwar der Eindruck, sie dienten ausschließlich dazu, den Status Quo aufrechtzuerhalten, indem alle Innovationen ausgebremst werden – von diesen Projekten wollen wir hier jedoch nicht reden.

Auch innerhalb eines Projektes gibt es ständig Änderungen, und nicht alle können oder wollen wir verhindern. Das Ziel passt nicht mehr wie geplant, oder der Brandschutz muss verbessert werden. Mitarbeiter werden ausgetauscht, und zwar (gefühlt) leider immer die Kollegen, auf die wir am wenigsten verzichten wollen. Allerspätestens zu diesem Zeitpunkt spüren wir die Beharrungskräfte auch in uns.

Das vertraute Elend

Wir alle lieben es, wenn in unserem Leben eine gewisse Stabilität herrscht. Natürlich ist dieses Bedürfnis unterschiedlich stark ausgeprägt. Manche wechseln Partner, Wohnung und Arbeitsstelle in einem atemberaubenden Tempo, für andere ist der ganze Tag im Eimer, wenn in der wöchentlichen Besprechung „ihr“ Platz belegt ist. Dennoch: Wo sich der Kollege bewegen könnte, erkennen wir ganz leicht – unsere eigenen Grenzen sind uns meist deutlich weniger bewusst. Wir alle haben uns zu einem gewissen Grad in unserer Komfortzone eingerichtet. Bei manchen Zeitgenossen ist diese gleichbedeutend mit dem vertrauten Elend. Dieses verlassen? Niemals!

Übrigens: Je weniger Einfluss wir auf den Wandel nehmen können, desto weniger sind wir meist bereit und in der Lage, das Neue euphorisch zu begrüßen.

Die Evolution hinkt hinterher

Evolutionär gesehen reagiert unser Körper häufig noch wie in der Steinzeit. Neues, Fremdes macht erst einmal Angst. Und wenn uns etwas Angst macht, dann gibt es neben der Schockstarre nur Angriff oder Flucht. Im Projektumfeld werden wir dann zwar nicht in eine Rauferei verwickelt, auch laufen die Leute nicht scharenweise davon, wenn wir sie mit Unbekanntem konfrontieren. Das geht deutlich unauffälliger: Plötzlich sind Prioritäten verschoben, die zugesagten Mitarbeiter werden an anderer Stelle gebraucht, die neue Software wird boykottiert, die Intriganten im Betrieb tun alles, um das Projekt schlechtzureden. Diese menschgewordenen Mischungen aus eierlegender Wollmilchsau und antibiotikaresistenter Kanalratte sollten wir schon früh zu unseren Verbündeten machen. Wenn die auf unserer Seite sind, müssen sich die Projektgegner warm anziehen.

Schock lass nach!

„Ich will das nicht. Die spinnen doch!“ So oder ähnlich klingt oft die erste Schockreaktion auf eine (gefühlt) größere Neuausrichtung. Die Arbeitsenergie geht nach unten, Flurfunk und Kaffeeküche sind wichtiger als eine sinnvolle Lösungsfindung. Ist genug lamentiert, gehen die Kollegen in den Widerstand: „Die werden schon sehen, dass das so nicht geht!“ Schließlich sickert langsam durch, dass Rebellion zwecklos ist, es geht ab ins Jammertal. Und erst, wenn die neuen Gegebenheiten innerlich akzeptiert sind, können alle wieder mit neuer Energie zu konstruktiver Arbeit zurückfinden.

Alte Zöpfe

Wenn wir uns selbst die spektakulären Änderungen ausgedacht haben, tun wir uns (Überraschung?!) von Anfang an ganz leicht damit und wundern uns darüber, dass die Kollegen so beharrlich am alten Zopf festhalten wollen. Dieses

Wissen können wir nutzen. Ist nämlich unser Kunde oder unser Chef überzeugt, er selbst habe die – aus unserer Sicht erforderliche – neue Zielsetzung gerade eben mit viel Gehirnschmalz erfunden, dann wird er dem nötigen Zusatzaufwand ohne Diskussionen zustimmen.

Ein weiterer Aspekt ist die Zeit. Können wir uns an etwas Neues langsam herantasten, dann klappt das. Auch kleine Änderungen stecken wir deutlich besser weg als riesengroße. Und Ihr erinnert Euch sicher: Elefanten essen geht nun einmal am besten Stück für Stück.

Also, in passenden Schritten an das Neue gewöhnen. Nicht nur uns selbst, sondern auch alle Projektmitarbeiter und alle Interessenten rund ums Projekt. Da dürfen wir gerne eine Informationsveranstaltung mehr halten und die künftigen Nutzer früh einbeziehen.

Nehmt die Sorgen der Stakeholder* ernst, und ignoriert nicht Eure eigenen! Packt vorhandene Chancen energisch am Schopf, kehrt jedoch auf keinen Fall die Probleme unter den Teppich.

In großen Projekten habt Ihr natürlich schon ein Arbeitspaket oder ein Teilprojekt mit der Überschrift „Change-Management“ etabliert, so dass diese Aufgaben über den ganzen Projektverlauf bestens betreut werden.

Raus aus der Komfortzone

Unsere Arbeit als Projektleiter ist eine gute Gelegenheit, um unseren „Veränderungsmuskel“ regelmäßig zu trainieren. Außerdem bieten sich uns massenhaft Gelegenheiten, ande-

* Stakeholder: Nein, nicht „Schnitzelhalter“, sondern Personen mit berechtigtem Interesse am Projekt.

re beim Verlassen ihrer Komfortzone zu unterstützen – sei es beim Sprung in die Stretch-, die Stress- oder sogar in die Panikzone.

Um unseren Veränderungsmuskel weiter zu trainieren, ist es hilfreich, öfter mal das Gegenteil zu denken. Und zwar nicht nur bei den Gelegenheiten, bei denen die anderen borniert, engstirnig und verbohrt sind. Sondern bei Themen, bei denen wir ganz genau wissen, dass wir recht haben, und diese Übung somit richtig schwerfällt. Damit können wir unser Gehirn supergut trainieren, und wir merken mit der Zeit leichter, wenn wir in einer Denkfalle gelandet sind.
Richtig Spaß kann das alles im Debattierklub machen. Da gibt es als Vorgabe ein kontroverses Thema, und erst direkt vor der Debatte erfahren wir, für welche Meinung wir als Redner eintreten dürfen. Überraschung! Bin ich für Demokratie oder für Monarchie? Homophob oder für totale Gleichstellung? Evolutionsanhänger oder Kreationist?

Mord und Totschlag

Konflikte* kompetent meistern 1

Projekte bieten eine wunderbare Plattform, um unsere Konfliktkompetenz zu erproben. Da prallen unterschiedliche Ziele, Werte und Meinungen aufeinander, und wenn uns unser Gegenüber schon lange auf den Keks geht, dann reicht die berühmte Mücke als Auslöser für den Knall – schwups, plötzlich steht ein Elefant im Raum. Doch im Projekt heißt es, gemeinsam an einem Strang zu ziehen, da kann eine gehörige Portion Soft Skills nicht schaden.

Zu Streitigkeiten kommt es natürlich überall, es gibt jedoch durchaus projekttypische Konfliktherde.

Wer tickt denn da wie?

Komplexe Lösungen erfordern heterogene Teams, das wissen wir schon von den Teamrollen. Und jedem der neun Typen stößt was anderes ganz bitter auf – der Macher wird hippelig, wenn die anderen noch lange diskutieren, der Umsetzer wird krank, wenn eine sicher geglaubte Zielsetzung über den Haufen geworfen wird, und der Perfektionist rauft

* configere lat. zusammentreffen, zusammenprallen, kämpfen

sich die Haare bei der aus seiner Sicht suboptimalen Qualität der Arbeitsergebnisse.

Die fachübergreifende Arbeit ist eine echte Herausforderung nach dem Motto: „Wir Techniker verstehen uns prima." Plötzlich ist der auf Kundenwünsche orientierte Vertriebler damit konfrontiert, dass nicht jede Umsetzung so einfach ist, wie seine Visionen ihm das vorgaukeln, und die Entwickler sind frustriert, dass für ihre ach so elegante Lösung kein Markt vorhanden sein soll.

Interessant ist in diesem Zusammenhang, dass wir Konflikte total unterschiedlich wahrnehmen. Während die einen noch fröhlich streiten, bekommen andere ihre erste Panikattacke und rufen um Hilfe. Bis die eingetroffen ist, liegen sich die Streithähne möglicherweise schon wieder in den Armen und verstehen die ganze Aufregung nicht.

Freund oder Feind?

Während jeder Team(neu)bildung kommt bekanntlich noch die Festlegung der passenden Hackordnung dazu. Dabei stecken wir unser Revier ab und bestrafen jeden, der da hineinpinkeln will. Das sollten wir eine Weile aushalten, sonst rächt sich das spätestens in der Stressphase, wenn wir alle nicht mehr in der Lage sind, uns von unserer Schokoladenseite zu zeigen.

Wie sieht es denn momentan mit Euch selbst aus? Habt Ihr einen Rollenkonflikt, weil Ihr als Projektleiter auf Formalien pochen müsst und gleichzeitig Euer eigener bester Projektmitarbeiter seid, der darauf so was von keinen Bock hat? Macht Euch jemand die Führungsrolle im Projekt streitig? Braucht Ihr mehr Durchsetzungsvermögen als Euch lieb ist? Lasst Euch helfen, bevor die dadurch zwangsläufig eskalierenden Animositäten überhandnehmen und das Projekt lähmen.

Olle Kamellen

Und nicht vergessen: Nicht jeder Konflikt hat mit dem Projekt zu tun. Als Projektleiter sollten wir uns nicht verantwortlich fühlen für Streitigkeiten, die seit Jahren zwischen den Beteiligten schwelen. Auch Fehden zwischen ganzen Abteilungen soll es schon gegeben haben – den ausgelatschten Schuh brauchen wir uns nicht anzuziehen. Da dürfen wir gerne die zuständigen Führungskräfte in die Verantwortung nehmen.

Willkommenskultur

Unser Projektteam – dieser Haufen von Individualisten – soll immer ganz ohne Auseinandersetzungen gemeinsame Lösungen finden und Ziele erreichen? Vergiss es.

Ganz im Gegenteil: Ohne diese Vielfalt gäbe es nur einen ganz kleinen Lösungsraum, weil alle (fast) gleich gelagert wären – das kann passieren, wenn wir lauter Freunde im Projekt haben, die alle ähnlich ticken. Begrüßen wir also freudig erst einmal jeden Konflikt, der sich ergibt (na ja, im Rahmen unserer Möglichkeiten): Au ja, da gibt es etwas zu lernen. Die unterschiedlichen Sichtweisen bieten die Chance, jenseits des eigenen Tellerrands die Fühler auszustrecken und Neues zu entdecken.

Bullshit-Bingo

Konfliktkompetenz – das klingt ein bisschen nach Bullshit-Bingo: Toller Begriff, gerne genutzt, nix dahinter. Wir dürfen jedoch in Projekten durchaus damit punkten, wenn wir hier tatsächlich die eine oder andere Stärke haben. Doch was heißt das eigentlich?

Kenne ich überhaupt meine eigene Meinung? Äußere ich die auch dann, wenn mein Gegenüber mich einschüchtert oder ich vermute, dass dadurch Spannungen im Team entstehen könnten? Kann ich die Meinungen anderer Menschen anhören und als gleichwertig und gleich wichtig ansehen wie meine eigenen, auch wenn dadurch bei mir Spannungen entstehen? Kann ich früh erkennen, wenn Konfliktpotenzial vorhanden ist? Bin ich dann bereit, gemeinsam mit den anderen eine Lösung zu finden, die für das Projekt am besten ist, selbst wenn ich auf eigene Ideen verzichten muss?

Elefanten zu Mücken

Konflikte sind normal. Auch in Projekten. Lange bevor es Berater und Mediatoren gegeben hat, haben die Menschen es verstanden, ihre Konflikte zu lösen – notfalls mit Mord und Totschlag. Da bei dieser Vorgehensweise unsere Projektteams Gefahr laufen, sich mangels Überlebender vorzeitig aufzulösen, ist es besser, die Welt aus mehreren Blickwinkeln zu betrachten. Freuen wir uns über die anstrengenden Quer- und Andersdenker (zu denen wir ja möglicherweise aus der Sicht der Kollegen auch zählen) und sehen wir sie als Quelle kreativer Lösungsfindung. Bei Bedarf finden wir dann auch gemeinsam einen Weg, um aus dem Elefanten wieder eine Mücke zu machen.

Es gibt Menschen, die bei uns den „roten Knopf" drücken. Wir ärgern uns über diese Zeitgenossen schon, wenn wir nur an sie denken. Was tun, wenn wir mit so jemandem zusammenarbeiten müssen?
Wir nehmen uns ein bisschen Zeit und schreiben alle Eigenschaften auf, die wir an der Person toll finden. Auch wenn es schwer fällt – ernsthaft! Und mindestens drei! Beim nächsten Treffen erinnern wir uns dann nicht nur an all den Mist, den dieser Mensch schon verbrochen hat. Sondern an genau die tollen Eigenschaften des Kollegen, die wir entdeckt haben.
Lasst Euch überraschen, was dadurch in Bewegung kommt.

Was tun, wenn's kracht?

Konflikte kompetent meistern 2

Neulich im Projektbüro …

PAPIERKORB: Peng, die Tür ist zu – wow, hast du das mitbekommen?

LAMPE: Den großen Krach in der Projektsitzung? Ja, da ging es heute richtig zur Sache.

PAPIERKORB: Zum Glück bist du immer friedlich.

LAMPE: Na ja, mir ist auch schon mal komplett die Sicherung durchgeknallt, da sah das Ganze hier für alle recht düster aus.

PAPIERKORB: Wie im Projekt: Manche explodieren förmlich, und andere wollen immer Friede, Freude, Eierkuchen. Ich selbst kann von Natur aus eigentlich nur schlucken.

LAMPE: Das ist mir auch schon aufgefallen – und ich erhelle erst die Probleme von möglichst allen Seiten.

PAPIERKORB: Das klingt für mich richtig gut, dann kann man alle Aspekte auf einen Blick erkennen und anschließend die beste Lösung auswählen.

LAMPE: In der Theorie ist das auch super. Doch die

Schattenseite übersehe selbst ich gerne. Und noch was: Sobald es um Konflikte geht, geht es meist auch um Emotionen. Manchmal sogar gerade bei den Leuten, die ständig bitten, doch sachlich zu bleiben. Das haben uns die Projektmitarbeiter heute richtig schön vorgeführt.

PAPIERKORB: Das war aber auch zäh bis zum großen Knall. Ich dachte schon, die diskutieren bis zum Sankt-Nimmerleins-Tag. Und dann Alex. Er hätte bloß noch zu sagen brauchen „bitte, bitte, habt euch alle wieder lieb“. So ein Weichei, oder?

LAMPE: Nein, nein, der passt sich einfach gerne an. Anpasser sind erst mal total praktisch im Projekt, weil sie fast alles mitmachen. Dummerweise oft nur, um den Konflikt zu beenden, nicht, weil sie überzeugt sind. Und dann tragen sie die Lösung später nicht wirklich mit. Auf Dauer macht es sogar krank, wenn man ständig alles schluckt, was einem die anderen auftischen.

PAPIERKORB: Und das sagst du ausgerechnet mir!

LAMPE: ’Tschuldigung, du hast ja recht – immerhin wirst du ab und zu geleert, das ist dann bei dir eher Bulimie, hi-hi.

PAPIERKORB: Hauptsache, du hast deinen Spaß (grummel, grummel). Jemanden wie mich brauchen die Leute! Wenn alle so wie Daniela wären, dann wäre was los! Die hat sich heute wieder gegen alle Widerstände durchgesetzt. Dass die immer so vorprescht – damit macht sie sich keine Freunde, oder?

LAMPE: So pauschal würde ich das nicht sagen. Ich glaube, manche sind froh, wenn es endlich weitergeht, egal wie.

Und sie hält ja auch den Kopf hin, falls ihr Vorschlag in die Hose geht. Spannend dabei ist, dass die Durchsetzer es ebenso wie die Anpasser ganz schlecht aushalten, wenn dicke Luft ist und Konflikte schwelen.

PAPIERKORB: Da fällt mir Achim ein – der tut ja immer so, als ginge ihn das alles gar nichts an.

LAMPE: Ja, ein richtiger „Aussitzer". Das kann eine gewiefte Taktik sein, und zumindest kann er Konflikte supergut aushalten. Allerdings gießt er natürlich genau damit oft Öl ins Feuer. Verantwortung für die Lösung übernimmt er so jedenfalls nicht.

PAPIERKORB: Er tut dabei ganz schön überlegen, ich glaube, der will Manager werden.

LAMPE: Ja, die Sorte Manager gibt es, die lassen die Mitarbeiter die Kämpfe ausfechten und waschen hinterher die Hände in Unschuld, wenn Mist herauskommt. In Projekten ganz klar ein No-Go, die Leute müssen sich zusammenraufen. Da gibt es notfalls Kompromisse, im besten Fall läuft es sogar auf eine Kooperation hinaus, so dass alle zufrieden sind – eine echte Win-Win-Situation.

PAPIERKORB: Dann machen wir das einfach immer.

LAMPE: Auf den ersten Blick sieht das sicher so aus. Aber manchmal ist die Lösung, mit der alle einverstanden sind, nicht die beste, oder Zeit und Geld reichen nicht aus, um alle und jeden zu überzeugen.

PAPIERKORB: Das klingt ja, als ob je nach Situation ein anderer Umgang mit Konflikten sinnvoll ist. Habe ich das richtig verstanden?

LAMPE: Genau, eine echte Herausforderung.

PAPIERKORB: Können sich die Beteiligten eigentlich immer irgendwie einigen?

LAMPE: Nein, Konflikte eskalieren. Das passiert sogar nach einem festen Muster. Grob gesagt gibt es drei Eskalationsstufen.

PAPIERKORB: Erzähl mal, das interessiert mich!

LAMPE: In der ersten Stufe ist die Ampel quasi noch auf Grün. Unterschiedliche Ziele und Ansichten prallen aufeinander, die Beteiligten sind noch an einer gemeinsamen Lösung interessiert.

PAPIERKORB: Dann klappt das sicher auch.

LAMPE: Ja, die Chancen stehen gut. Wenn nicht, eskaliert der Konflikt in den gelben Bereich: Da will jeder gewinnen, nur noch die eigene Position zählt. Durch den Tunnelblick wird der Lösungsraum rapide kleiner.

PAPIERKORB: Und da brauchen die Leute Hilfe, oder?

LAMPE: Mit einem guten Projektleiter rutschen die Leute gar nicht in den gelben Bereich, oder eine Führungskraft unterstützt rechtzeitig. Es gibt auch ausgebildete Mediatoren, die helfen können.

PAPIERKORB: Zum Glück sind nicht alle unsere Teams so drauf. Wenn es bei den Projektlern von heute so weitergeht, würde ich denen eine Mediation empfehlen, das war heute schon die vierte Sitzung, bei der die sich so in die Haare bekommen haben.

LAMPE: Ja, das sehe ich auch so, sonst kann die Eskalation noch weiter gehen – wenn die Ampel auf Rot springt, ist den Beteiligten nämlich alles egal – notfalls gemeinsam in den Abgrund. Falls du den Film „Rosenkrieg“ kennst, da ist das genau zu verfolgen.

PAPIERKORB: Dann schlucke ich doch lieber weiter alles, bevor es zappenduster wird, weil dir wieder eine Sicherung durchbrennt (grins).

Jeden Tag gute Laune, das klappt nur bedingt. Die ewigen Dauerlächler wirken selten authentisch. Bei manchen Zeitgenossen habe ich mich sogar schon gefragt, welche Drogen die wohl nehmen.
Ein bisschen die Stimmung aufhellen kann jedoch nicht schaden, oder? Dazu ein kleiner Tipp: Jeden Tag 30 Sekunden am Stück lächeln. Das geht unter der Dusche, beim Pieseln oder Zeitunglesen, ganz egal. Einfach Mundwinkel hoch und dort mindestens 30 Sekunden halten. Unser Gehirn registriert: „Oh, der Gehirnbesitzer ist guter Laune!“ und schüttet entsprechend Glückshormone aus. Nach einer Weile lächeln wir womöglich versehentlich wirklich …

Kneifen gilt nicht!

AKV: Aufgabe, Kompetenz, Verantwortung

Wie geht es Euch mit der Projektleitung? Wurde zu Beginn genau definiert, welche Aufgaben und dazu passenden Entscheidungsspielräume Ihr als Projektleiter habt? Wurde darauf geachtet, dass Ihr dazu die erforderlichen Kompetenzen mitbringt, oder habt Ihr entsprechende Schulungen und Hilfestellungen beantragt und erhalten? Nimmt jeder inner- und außerhalb des Projektes die übernommene Verantwortung ernst?

Wenn Ihr alles beherzt mit Ja beantworten könnt, herzlichen Glückwunsch!

Hemdsärmeliges Vorgehen

Der Alltag sieht in vielen Firmen eher hemdsärmelig aus (einige deutsche Großbaustellen künden davon): Drückebergerei ist an der Tagesordnung, Kompetenzen sind nicht ausreichend vorhanden, Aufgaben (womöglich absichtlich?) nur sehr vage definiert, und Verantwortung übernehmen ist leider nicht jedermanns Sache.

Solange das Projekt gut läuft, ist natürlich alles super. Jeder sonnt sich im erwarteten Erfolg und klopft sich auf die Schulter für die gelungene Personal- und Themenauswahl. Der erforderliche Freiraum ist da.

Doch wehe, es geht etwas schief, und das ist in nahezu jedem halbwegs anspruchsvollen Projekt früher oder später der Fall. Da wird ein relevanter Fehler zu spät entdeckt, der geplante Etat wird gesprengt, die Zeit läuft davon, irgendeine der unendlich vielen als desaströs empfundenen Möglichkeiten tritt ein. Dann geht der Spaß erst richtig los. Ein Sündenbock ist notfalls sicher schnell gefunden, und der bekommt eins auf die Mütze.

Vorsicht Bürokratiemonster!

Die Erfahrung zeigt, dass unklare Schnittstellen zwischen verschiedenen Aufgaben- und Verantwortungsbereichen jede Menge Zündstoff bergen. Die Prozesse werden daher meist in Arbeits- und Verfahrensanweisungen hinterlegt, an die wir uns halten müssen. In ISO*-zertifizierten Betrieben kann das zu ziemlich überreglementierten Abläufen führen, um jede denkbare Ausnahmesituation zu berücksichtigen. Die Prozessdokumentation kann manches klären, den „kleinen Dienstweg" jedoch erheblich erschweren.

Alles im Fluss

Nun sind Projekte per definitionem einmalig. Eine Festlegung auf Zuständigkeiten im Vorfeld ist nur grob möglich. Vieles lernen wir ja gerade dadurch, dass wir das Pro-

* ISO = Internationale Organisation für Normung

jekt durchführen. Aufgaben können dazukommen, andere entfallen. Die fließenden Grenzen sind eine ganz schöne Herausforderung für alle Beteiligten. Arbeits- und Verfahrensanweisungen für jeden eventuell auftretenden Prozess würden den Projektfortschritt im besten Fall hemmen, in anderen Fällen unmöglich machen.

Über den Tellerrand hinaus

Natürlich macht der Programmierer keine Marketingbroschüre. Wir hätten dennoch gerne, dass er beim Einklopfen des Codes nicht nur die Vorgaben umsetzt, sondern mitdenkt und umgehend meldet, wenn der geplante Ablauf für die künftigen Anwender nutzerfreundlicher gemacht werden kann oder wenn er eine Lücke in den Anforderungen entdeckt.

Im Idealfall denken alle mit, reden miteinander, und die Arbeitsergebnisse passen wie in einem komplexen Puzzle zusammen. Es gibt jedoch typische Situationen, für die wir als Projektleiter ein glückliches Händchen benötigen.

„Der tut nichts, der will nur spielen"

Ein Schlendrian nimmt die Verantwortung für seine Aufgabe nicht wahr. Nach dem Motto „irgendwer wird sich schon darum kümmern" wartet der Mitarbeiter ab und hofft, dass niemand merkt, dass er eklatant in Verzug ist oder dass sein Ergebnis nicht mit den Arbeiten der Kollegen zusammenpasst und eine Lücke im Puzzle droht. Von wegen frühzeitig informieren, damit noch gemeinsam eine gute Lösung gefunden werden kann, nix da. Die gefühlte Verantwortung ist definitiv nicht einmal in homöopathischen Dosen vorhanden.

Wer hat von meinem Tellerchen gegessen?

Dann das andere Extrem: Mitarbeiter mit latentem Helfersyndrom sehen eine nicht erledigte Aufgabe und übernehmen sie, ohne dies vorher abzuklären. Das Gegenteil von gut gemacht ist ja bekanntlich häufig gut gemeint. Die Vorgehensweise kommt meist gar nicht gut an bei denen, die eigentlich zuständig sind, sondern wird als Einmischung empfunden. Statt Dank erhält das Helferlein (durchaus zu Recht) den geballten Zorn der zuständigen Expertin, die vielleicht regelmäßig erst unter Zeitdruck zu Höchstform aufläuft. Die hat nämlich einfach noch bei den Vorarbeiten gesteckt, mit ganzer Kreativität eine besonders pfiffige Lösung ausgearbeitet und kann jetzt ihre Expertise in den Gulli kicken – das gibt böses Blut im Team.

Besserwisser und Klugscheißer aufgepasst

Am Delegieren führt für Projektleiter kein Weg vorbei. Dabei dürfen wir einfordern, dass wir bei Schwierigkeiten frühzeitig informiert oder einbezogen werden. Das Übertragen von Aufgaben mitsamt der zugehörigen Verantwortung und Entscheidungskompetenz stellt insbesondere in den Bereichen, in denen wir uns selbst hervorragend auskennen, eine riesige Herausforderung dar. Heißt dies doch darauf zu vertrauen, dass die Mitarbeiter eine geniale Lösung erarbeiten werden, selbst wenn unsere eigene Lösung vielleicht ganz anders ausgesehen hätte. Spätestens jetzt wird klar, warum auch die Kompetenz passen muss.

Diesen absichtlichen Kontrollverlust herbeizuführen, auszuhalten, und dann auch noch zu den Entscheidungen der Mitarbeiter zu stehen, dürfte für manche von uns eine ganz schön dicke, fette Kröte sein, die es zu schlucken gilt. Kneifen gilt nicht!

Unser Projekt wollen wir natürlich erfolgreich zu einem guten Ende führen. Dafür kämpfen wir notfalls und schmeißen nicht beim ersten Windhauch die Flinte ins Korn.

Zu einer guten Projektleitung gehört jedoch auch, dass wir Krisen ernst nehmen und Probleme nicht unter den Teppich kehren (dort ist womöglich noch der ganze Mist vom letzten Projekt). Es gibt weniges, was schlimmer ist, als schöngeredete, mit Gewalt am Leben gehaltene Unternehmungen. Projekte, die über Jahre verschleppt werden, weil keiner sich traut, sie zu beenden. Werden alle Warnzeichen übersehen, zermürbt das die Mitarbeiter und raubt jegliche Energie.

Im Ernstfall also lieber ein Ende mit Schrecken als ein Schrecken ohne Ende.

HALLO!

The winner takes it all!

Moderne Vorgehensweisen

Stell Dir vor, Du bist Kunde einer Softwarefirma, nennen wir sie mal Liga&Neal. Eines Tages hast Du eine tolle Eingebung für ein neues System, das Du zur Verwaltung Deiner perfekten Verbrechen einsetzen möchtest. Schnell ist ein Termin anberaumt, und Du schilderst Deine Ideen den Vertretern der Firma. Die sind total beeindruckt und sichern Dir alles zu, was Du haben möchtest. Das sei gar kein Problem. Über den Preis werdet Ihr Euch einig, und Du bekommst die Zusage, dass Dir schon in sechs Monaten Deine neue Software wie gewünscht zur Verfügung steht.

Kaffeesatzlesen

Jeder benötigte Mitarbeiter der Firma Liga&Neal ist dummerweise schon zu 120% ausgelastet, da Du aber so ein wichtiger Kunde bist, werden aus den laufenden Projekten Leute abgezogen. Diese arbeiten jetzt zumindest stundenweise für Dich. Es bleibt natürlich keine Zeit, offene Fragen zu klären. Davon hätten die Mitarbeiter ganz viele, weil die

Vertreter ja nur die Euros gesehen haben, nicht die Lücken in den Vorgaben für die Umsetzung („Wir wollten euch Gestaltungsspielraum geben", argumentieren diese Dampfplauderer auf Nachfrage). Deshalb basteln die Entwickler aus den vorhandenen groben Beschreibungen nach bestem Wissen und Gewissen das, was sie zu verstehen meinen, haben keinen blassen Schimmer von der Verwaltung perfekter Verbrechen und leiten aus ihren Krimikenntnissen alles Fehlende für das System ab.

Was für eine Überraschung

Nach Ablauf der sechs Monate hast Du die Tests vorbereitet und dringst auf Auslieferung. Vier Wochen später bekommst Du auch schon Dein neues System. Leider funktioniert so gut wie gar nichts so, wie Du es eigentlich benötigen würdest. K.-o.-Fehler werden schnell behoben – na ja, zehn Fehler korrigiert, sechs neue Fehler eingebaut (oder so ähnlich). Alles andere wird Dir fürs nächste Release* in Aussicht gestellt – das gibt es in einem halben Jahr! Der Preis dafür? Wenig Verhandlungsspielraum, Du willst ja ein lauffähiges System – er wird von der Firma Liga&Neal diktiert. Du grübelst, wer in diesem Fall ein Händchen fürs perfekte Verbrechen hat.

Und nun? Die Entwickler der Firma Liga&Neal hassen es, an einem schlechten System weiter rumzumurksen, die anderen parallel laufenden Projekte sind alle in Verzug geraten, weil Mitarbeiter abgezogen worden sind, Du als Kunde hast alles andere als eine Erleichterung in der täglichen Ar-

* Release: Version einer Software

beit und musst Dir was Neues überlegen, um die Glückshormone in Deinem Hirn zu aktivieren.

Neumodisches Zeug

Vielleicht kennst Du ja ähnliche Szenarien? Aus welchem Blickwinkel auch immer? Die Komplexität steigt und die Zeit wird knapper.

Insbesondere im Bereich der Softwareprojekte wurden im Lauf der Jahre von kreativen Köpfen neue Vorgehensweisen kreiert. Das agile Manifest beispielsweise beschreibt Prinzipien der agilen Softwareentwicklung, Lean Management hat in Projekten Nachahmer gefunden, und (nicht nur) für Multiprojektmanagement wurde Critical Chain aus der Produktion adaptiert. Auch außerhalb der Softwareschmieden werden inzwischen viele der Prinzipien geschätzt und umgesetzt, und mit etwas Glück benennt sich unsere Firma Liga&Neal bald in Lean&Agil um.

Häh?

Um was geht es dabei ganz grob und in Kürze? Stichworte wie beweglich, schlank, flache Hierarchien, schnelle Reaktionszeiten sind wichtig. Der Kundennutzen wird in den Mittelpunkt gestellt. Das bedingt kürzere Entwicklungszyklen und engere Absprachen, im Idealfall sogar eine eng verzahnte Zusammenarbeit mit dem Auftraggeber. Die Verantwortung geht viel stärker als bisher auf die Teams über, Eigenverantwortung und Selbstorganisation heißt die Devise. Lernen und Reflexion wird gelebt und damit die Qualität laufend verbessert. Kommunikation findet statt – und zwar in direktem Austausch, regelmäßig und ständig. Anstatt alle immer bis zur Halskrause zu überlasten, werden nur noch Projekte und Aufgaben begonnen, die wirklich gestemmt werden können, wichtige Mitarbeiter werden so abgeschirmt, dass sie arbeiten können.

Allen neuen Methoden ist eines gemeinsam: Es steckt viel gesunder Menschenverstand darin.

Wo ist das Problem?

Das alles erfordert eine Haltung und eine Unternehmenskultur, die das Vorgehen auch wirklich trägt, unterstützt und lebt. Ein Kulturwandel dieser Größenordnung erfordert Zeit, Geduld und viel Vertrauen – und muss insbesondere vom Management gewollt und getragen werden. Firmen, die umstellen, benötigen einen langen Atem. Das Neue gefällt nicht jedem Mitarbeiter und auch nicht jeder Führungskraft.

Und, ganz wichtig: Ohne gute Projektvorbereitung im klassischen Sinn werden auch die neuen Ansätze nicht zum Ziel führen. Teambildung, Rollenklärung, Risikomanagement und anderes mehr werden dennoch benötigt.

Auf zu neuen Ufern

Ist Eure Firma schon so weit? Super, dann kennt Ihr das alles. Und wenn nicht – dann seid Ihr jetzt hoffentlich neugierig und macht Euch bald kundig. Probiert die Techniken aus, prüft, was in Eurem Projekt Sinn macht. Passt die Ideen an die Gegebenheiten in Eurer Firma an. Ist ja kein Verbrechen, als Rosinenpicker das Beste von allem zu nutzen, um mit Eurem Projektteam erfolgreich ins Ziel einzulaufen.

Wunder sind selten. Es gibt Situationen, in denen es hilft, das, was ist, zu akzeptieren. Anstatt weiter Energie mit „was wäre, was würde ...“ und sinnlosen Kämpfen gegen Betonwände und Betonköpfe zu verbraten.
Ein Freund sagt in so einem Fall: „Das ist sicher alles nach Feng Shui.“

Ja!

Spätere Heirat nicht ausgeschlossen

Stress im Projekt

Hören wir doch mal rein: „Ja! Ja! Der Meilenstein ist geschafft! Wer hätte das gedacht! Aber was ist das? Da blockt der Betriebsrat, verlangt Nachbesserungen. Müller duckt sich weg. Wird diese Strategie helfen? Und da – der nächste Meilenstein, das Team ist unter Zeitdruck, muss die Hürde nehmen. Der Kunde drängt. Wird das Team durchhalten? Das Projektziel erreicht? Der Druck wächst, die Nerven liegen blank."

So oder ähnlich geht es in einem komplexen Projekt durchaus zeitweise zu. Es gibt meist eine Phase, da tropft uns das Adrenalin nur so aus den Ohren.

Säbelzahntiger

Aus evolutionärer Sicht ist auch hier unsere körperliche Stressreaktion total genial. Wir wären vermutlich alle nicht vorhanden, wenn unsere Vorfahren bei Gefahr nicht mit den Reaktionen Kampf, Flucht oder Totstellen reagiert hätten, sobald der immer wieder gern zitierte Säbelzahntiger um die Ecke gebogen ist.

Rein körperlich passiert dann Folgendes: Wir handeln reflexartig, bevor auch nur eine Ahnung der Gefahr im Großhirn angekommen ist – wie jeder weiß, der schon die Bekanntschaft mit guten Scherzartikeln gemacht hat. Längst hat unser Hormonsystem reagiert und unseren Körper mit Adrenalin überschwemmt. Alles, was wir zum Kämpfen oder Flüchten benötigen, wird massiv hochgefahren, alles andere deutlich reduziert. Also beispielsweise Puls und Herzschlag gehen rauf, große Muskeln werden gut durchblutet, die Wundheilung verbessert. Dagegen reicht für Verdauung und Immunsystem das Notprogramm, ganz nach dem Motto: lieber Schnupfen als gefressen werden. Aber Vorsicht: Auch das Großhirn darf für eine Weile auf die Hinterbank. Ist ja klar, dass es im Falle Säbelzahntiger ziemlich blöde wäre, zuerst im Hirn einen Arbeitskreis zu bilden und zu beratschlagen, was zu tun ist.

Langzeitstress

Heute sind wir selten mit einem Raubtier konfrontiert, unser Körper reagiert jedoch wie zu Urzeiten auf den modernen Säbelzahntiger in Form eines überkritischen Chefs, auf einen drohenden Termin, auf all das, was unsere ureigenen Alarmknöpfe drückt. Je nach persönlicher Konstitution moderat bis heftig. Was uns modernen Steinzeitmenschen dann oft fehlt, ist das Pendant zum abendlichen Lagerfeuer, an dem wir das erlegte Wild verspeisen, Spaß haben und den ganzen Stresshormonen Gelegenheit zum Abbau geben. Ständige Erreichbarkeit, eine hohe Kommunikationsdichte, fehlende Abschaltmöglichkeiten und dazu noch ganz individuelle Aufreger führen dazu, dass der Stresspegel oben bleibt.

Gebrauchsanleitung zum Burnout

Zu Beginn einer Stressphase sind wir in Hochform. Das Adrenalin gibt uns tolle Energie, wir sind hochkonzentriert und leistungsbereit. Wenn das Adrenalin nicht reicht, kommen bei Bedarf Cortisol und körpereigene Morphine ins Spiel. Das Ganze kann dummerweise süchtig machen. Wir wollen mehr davon. Neigen wir zum Workaholic, ist irgendwann der Punkt erreicht, an dem wir am Wochenende und im Urlaub nicht mehr ausreichend abschalten und entspannen können. Wenn wir nicht allerspätestens dann die Reißleine ziehen, drohen Leistungsverlust (das Großhirn ist ja runtergebeamt) und Krankheiten bis hin zum Burnout.

Und im Projekt?

Keine Sorge, so weit kommt es nicht innerhalb von ein paar Tagen oder Wochen. Achtet jedoch nicht nur bei Euch selbst, sondern auch bei Euren Teammitgliedern auf die drohenden Alarmzeichen. Die Leute spüren diese selbst oft erst viel später als die Kollegen. „Felix ist unleidlich, Beate kurz angebunden!" Häufen sich solche Beschwerden, kann es gut sein, dass Felix und Beate Unterstützung benötigen. Die beiden sehen das möglicherweise ganz anders. Gefühlt sind sie doch – typisch bei Langzeitstress – von lauter Idioten umgeben, die sich mehr ins Zeug legen könnten. Da darf dann Euer Talent für diffizile Situationen in Aktion treten.

Es sind übrigens häufig die Höchstleister, die besonders gefährdet sind. Und welcher Chef bremst schon seine besten Mitarbeiter? Mittel- und langfristig wäre das allerdings durchaus eine kluge Taktik, schließlich sind manche Friedhöfe voller unersetzlicher Menschen.

Ein Traum?

Wir haben früh darauf geachtet, dass die Planung sportlich ist, Stress ab der ersten Stunde haben wir jedoch klugerweise vermieden. Auch Delegieren fällt uns inzwischen leicht.

In Hochleistungsphasen landen Anrufer konsequent im Sekretariat oder auf dem Anrufbeantworter, das Telefon ist stumm geschaltet, der elektronische Kalender geblockt, Meldungen über eingehende Mails sind abgestellt. Zu festen Zeiten (oder wenn sonst gar nichts mehr geht) werden die wichtigsten Anfragen beantwortet. Die Bürotür ist geschlossen. Wichtige Mitarbeiter sind selbstverständlich informiert, dass sie stören dürfen – jedoch nur, wenn es brennt.

Ein Traum? Nein, konsequentes Handeln und Prioritäten setzen.

Achtet auf möglichst viel selbstbestimmtes Agieren, auch bei Euren Mitarbeitern. Und außerhalb der Arbeit gibt's natürlich je nach individueller Vorliebe Sport, soziale Kontakte und Hobbies.

Stressmonitor

Untersuchungen haben gezeigt, dass es ein paar Themen gibt, die uns alle unendlich stressen. Da steht an erster Stelle der

Tod eines nahen Angehörigen, und schon an vierter Stelle folgt die eigene Hochzeit. Wenn Ihr also mal wieder Adrenalin schnuppern wollt – heiraten kann eine der schönsten Gelegenheiten sein, um die Adrenalin-Junkies dieser Welt zu befriedigen. Und einen Projektleiter für die Organisation braucht es da allemal.

Eine Kompetenz haben wir sicher (hoffentlich!) alle: Wir sind gute Freunde, gute Freundinnen. Warum diese Kompetenz nicht ab und zu für uns selbst nutzen? In schwierigen Situationen kann es hilfreich sein, sich ernsthaft zu fragen: „Was würde ich meiner Freundin raten, wenn sie in derselben Situation wäre, was meinem Freund?"
Was banal klingt, kann oft der Schlüssel zu einer richtig guten Lösung sein.

STUHL!

Ich schau dir in die Augen, Kleines!

Kommunikation gekonnt gestalten 1

Verschiedene Interessengruppen untersuchen regelmäßig, was erfolgreiche Projekte auszeichnet und welche Faktoren Projekte scheitern lassen – erstklassige Kommunikation ist als entscheidender Erfolgsfaktor immer ganz vorne mit dabei.

Das bisschen Reden

Schätzen Eure Mitmenschen Euch als gute Gesprächspartner? Prima, dann wird Euch diese eklatant wichtige Projektleiteraufgabe vermutlich ziemlich leicht fallen.

Um was geht's? Wir leiten Workshops und Besprechungen, präsentieren Ergebnisse, informieren angemessen und regelmäßig alle im und rund ums Projekt, betreiben Projektmarketing, agieren in Krisen, erkennen frühzeitig Konfliktpotenzial, unterstützen bei der Lösungsfindung, beziehen Außenseiter ein, stellen Fragen, motivieren, delegieren, beruhigen, aktivieren, bremsen, verhandeln, berichten – kurz: Einen großen Teil unserer Arbeitszeit verbringen wir damit, zu reden und zuzuhören.

Vertrauen wächst am Minus

Solange alles im Projekt gut läuft, merken wir womöglich gar nicht, ob das mit der Kommunikation wirklich gut klappt. Die läuft ganz nebenbei. Aber wehe, es gibt einen Notfall. Wenn wir dann nicht rechtzeitig kommunikativ investiert und vorgesorgt haben, wird es schwierig. Denn plötzlich sollen unsere Mitarbeiter, Vorgesetzten und Kunden darauf vertrauen, dass wir das richtige Händchen haben, um die Kuh vom Eis zu holen. Das mit dem Vertrauen geht nicht von Null auf Hundert. Haben wir jedoch frühzeitig über Risiken aufgeklärt und auch über kleinere Schwierigkeiten und deren kompetente Lösungen offen berichtet, ist schon ausreichend Grundvertrauen vorhanden, wenn es tatsächlich zur Krise kommt. Und dann gibt es auch genug Mitstreiter, die uns bei der Kuh-Rettung beistehen und den Rücken stärken.

Jetzt spricht mein Körper (auch noch)!

Es kann sein, dass Ihr nicht zu den großen Rednern gehört. Solange Ihr Euch nicht in Eure Höhle zurückzieht und versucht, per Fernbedienung die Dinge zu lenken, entscheidet selbstredend (sic!) eher die Qualität, nicht die Quantität des verbalen Outputs. Unterschätzt jedoch bitte nicht, dass wir auch quatschen, selbst wenn wir keinen Ton von uns geben: Unser Körper redet mit! Und zwar ständig und massiv! Meist völlig unbewusst senden wir unablässig Signale, die unsere Gegenüber genauso unbewusst laufend auswerten. Evolutionär gesehen klar – schon vor tausenden von Jahren waren wir darauf angewiesen, Freund und Feind auf einen Blick unterscheiden zu können. Und bereits als krähender Säugling haben wir perfekt gelernt, die nonverbalen Zeichen in unserem Umfeld zu deuten.

Vorsicht vor Schnellschüssen

Dabei geht es nicht um Banalitäten wie „verschränkte Arme bedeuten Zurückhaltung". Vielleicht friert ja mein Gesprächspartner. Es geht immer um den Gesamteindruck, den unser Gehirn in Nullkommanichts erkennt. Wenn wir desinteressiert, distanziert oder unsicher sind, nützt also der ganze Rabatz nichts, den wir veranstalten, um dies zu verbergen. Mimik, Gestik, Stimme und Körpersprache werden uns verraten. Und: Misstrauen entsteht sofort, wenn Gesagtes und nonverbale Signale auseinanderdriften. Also Probleme lieber offen auf den Tisch!

Am Telefon übernimmt übrigens die Stimme einen großen Teil der unbewussten Signalübertragung.

Die Vorteile der elektronischen Kommunikation nutzen wir natürlich, wissen jedoch, dass diese den Direktkontakt nie ersetzen kann, weil wichtige zwischenmenschliche Signale fehlen. Und ohne diese Signale merken wir vielleicht gar nicht, ob der Kollege gerade angepisst oder hochmotiviert auf unser Anliegen reagiert.

Elf Minuten Echtzeit

Nervt ein Projektmitarbeiter? Gibt es einen Klugscheißer, der jedem das Ohr ablabert, der nicht schnell genug die

Flucht ergreift? Kennt Ihr einen Bedenkenträger, dessen „ja, aber ...“ Ihr längst nicht mehr hören könnt? Einen Selbstdarsteller, der mit der heißen Luft, die er erzeugt, alle zum Schwitzen bringt? Da hilft es leider gar nichts, sich ins eigene Kopfkino zu flüchten und zu warten, bis die aktuelle Quälerei vorbei sein wird – bei nächster Gelegenheit sitzen wir im gleichen Schlamassel. Kleiner Tipp: Schenkt Eurem Gegenüber ab und zu elf Minuten Echtzeit. In dieser Zeit hört Ihr wirklich interessiert zu, maximal Verständnisfragen sind erlaubt. Damit spart Ihr stundenlange Belagerungen. Das Ganze funktioniert übrigens auch ausgezeichnet bei Partnern, nörgelnden Kindern und nervigen Erbtanten.

Small is beautiful

Menschen mögen es, wenn wir uns für sie interessieren. Mit regelmäßigem Direktkontakt lernen wir viel über unsere Mitmenschen. Dann wird es auch gut gelingen, jeden so zu behandeln, wie er behandelt werden möchte. Mit Anna können wir vielleicht sofort klugeln, mit Hans sollten wir erst ein paar Minuten blödeln, und beim Plaudern in der Kaffeeküche erfahren wir ganz nebenbei, dass eine Umstrukturierung ansteht, die massive Auswirkungen auf unser Projekt haben wird.

Die meisten Personen benötigen ein bisschen Zeit, um ein Gefühl für die Stimmung und die Haltung ihres Gesprächspartners zu bekommen. Smalltalk wirkt wie Öl im zwischenmenschlichen Getriebe. Danach läuft es meist wie geschmiert mit den Sachthemen.

Geniales Selbstmarketing

Für unsere Fachkompetenz und unsere analytischen Fähigkeiten bekommen wir Anerkennung, unseren klugen Beiträgen zollen unsere Mitmenschen Respekt. Wenn es uns darüber hinaus gelingt, unsere Kommunikationsfähigkeiten exzellent einzusetzen, wecken wir Emotionen und gewinnen die Herzen vieler Menschen. Dabei muss es nicht der tiefe Blick in die Augen sein, Kontakt auf Augenhöhe zahlt sich jedoch aus.

Kein Mensch mag vor versammelter Mannschaft das Gesicht verlieren. Unsere Mitarbeiter bereiten wir unter vier Augen vor, wenn es Neuigkeiten gibt, bei denen sie vom Stuhl fallen könnten.
Und was machen wir mit den Managern? Die sitzen häufig in den Steuerungsgremien, und auch dort gibt es ab und zu unangenehme Nachrichten und kritische Themen. Die hohen Herrschaften wissen es zu schätzen, wenn wir sie vorwarnen. So können sie in den Sitzungen ihre Contenance bewahren, und das ist gerade in den Führungsetagen dieser Welt vielen wichtig.
Wir machen das natürlich nur, wenn wir auf den Überraschungseffekt verzichten können, ohne selbst baden zu gehen.

BLA BLA BLA
BLA BLA BLA
BLA BLA BLA
BAHNHOF!

Wieso, weshalb, warum? Wer nicht fragt, bleibt dumm

Kommunikation gekonnt gestalten 2

Neulich im Projektbüro …

PAPIERKORB: HILFE! Mir brummt der Schädel von dem ganzen Gebabbel!

LAMPE: Ohne regen Austausch geht es nun mal nicht in Projekten. Eben waren aber auch tatsächlich astreine Labertaschen am Werk.

PAPIERKORB: Also ich habe nur Bahnhof verstanden.

LAMPE: Frag doch jetzt mich. Was war denn so schwierig und unverständlich für dich?

PAPIERKORB: Keine Ahnung, ich wurde schon ganz früh abgehängt. Das war alles Fachchinesisch für mich, was soll ich da fragen?

LAMPE: So was passiert öfter, als du denkst. Manche der Referenten haben offensichtlich vergessen, wie es ist, keine Ahnung zu haben. Vermutlich sind sie normalerweise nur mit Gleichgesinnten zusammen.

PAPIERKORB: Vielleicht bin auch nur ich so begriffsstutzig und vernagelt?

LAMPE: Bestimmt nicht! Die Crux an der Sache ist, dass wir nicht nachhaken, solange wir selbst für clevere Fragen noch zu wenig Ahnung haben. Kinder trauen sich und stellen richtig gute Fragen. Oft fragen die Großen nur deshalb nichts, weil sie Angst haben, dann als Doofies dazustehen. Blöd, wenn der Redner dann gar keine Antenne dafür hat.

PAPIERKORB: Gut, dass ich nicht so alt bin und dass deine Antenne bei mir so gut funktioniert.

LAMPE: Danke! Was du übrigens auch oft beobachten kannst: Besonders gut meinende kluge Köpfe kommen mit einer Lösung um die Ecke, bevor die anderen kapiert haben, dass es überhaupt ein Problem geben könnte. Wird dann die Lösung der Schnelldenker boykottiert, sitzen alle erst recht in der Patsche. Wenn es ganz dumm läuft, werden diese Genies auch noch als Klugscheißer abgestempelt.

PAPIERKORB: Das verstehe ich nicht. Wenn es eine Lösung gibt, ist doch alles gut?

LAMPE: So einfach ist das nicht. Stell dir doch mal vor, du bist zugemüllt. Wie ist das?

PAPIERKORB: Hm, dann passt halt nix mehr in mich rein.

LAMPE: Stimmt. So ähnlich ist das auch im Gehirn. Da ist oft schon ganz viel Zeug drin. Für viele ist Denken anstrengend, und solange gar kein Problem sichtbar ist, wollen sie sich auch nicht mit unnötigen Lösungen rumschlagen. Menschen möchten außerdem ernst genommen und nicht abgehängt werden, das hat viel mit Gefühlen zu tun.

PAPIERKORB: Also mir macht das nichts aus, wenn ich voll bin, dann sieht es halt nach einer Weile um mich rum aus wie Sau.

LAMPE: Das ist mir auch schon aufgefallen. Jedoch selbst ohne Boykott kann es heikel werden. Stell dir vor, du fragst nichts. Dann gehe ich davon aus, dass du alles verstanden hast. Erst später stellt sich heraus, dass du projektrelevante Fehler machst, weil dir die Konsequenzen der Lösung für deine Aufgaben gar nicht klar gewesen sind.

PAPIERKORB: Und dann bekomme ich eins auf die Mütze, dabei habe ich das nur nicht richtig erklärt bekommen?

LAMPE: Genau, da heißt es dann, du hättest ja schließlich fragen können.

PAPIERKORB: So ein Mist, was kann ich denn da machen?

LAMPE: Die Hauptaufgabe liegt erst einmal bei der Person, die was mitteilen will. Die hat den Hut auf, wenn es darum geht, alles so aufzubereiten, dass die anderen es verstehen.

PAPIERKORB: Schon der Hammer, woher sollst du denn wissen, dass bei mir Lücken klaffen, wenn ich nichts frage?

LAMPE: Ich kann einfach ein paar Fragen an dich stellen. Damit merke ich schnell, ob du den Durchblick hast. Oder ich kann dich bitten, das Ganze zu paraphrasieren.

PAPIERKORB: Zu was?

LAMPE: Zu paraphrasieren, das heißt, die wichtigen Punkte in eigenen Worten zu wiederholen. Das gibt mir die Gelegenheit zu erkennen, ob du verstanden hast, was ich eben gesagt habe.

PAPIERKORB: Du meinst, ich sage dir, was bei mir angekommen ist, damit du kapierst, ob du es mir richtig erklärt hast? Ich spiel einfach Papagei? Das gefällt mir, da brauche ich mich nur hinzulümmeln und zuzuhören, du sorgst dafür, dass ich alles mitbekomme.

LAMPE: Kongeniale Redner meistern genau das. Die fesseln uns und erzeugen bei uns das gleiche Bild im Kopf, das sie selbst von der Sache haben. Sie erzählen Geschichten aus unserem Umfeld und bauen da alles Fachwissen ein, das für unser Verständnis wichtig ist. Oder sie stellen Fragen, deren Antworten sie selbst kennen, die wir jedoch noch nicht fragen können.

PAPIERKORB: So wie du vorher, als du gefragt hast, wie das ist, wenn ich vollgemüllt bin?

LAMPE: Oh, du bist supergut! Wenn alles glatt läuft, kann Kommunikation für echte Win-Win-Situationen sorgen.

PAPIERKORB: Das klingt ganz schön anspruchsvoll. Ist es nicht besser, wenn es für die unterschiedlichen Fachbereiche eigene Sitzungen gibt? Zumindest würden sich die Teilnehmer dann jeweils verstehen.

LAMPE: Fachsitzungen gibt es natürlich auch. Allerdings geht es in Projekten doch gerade darum, dass fachübergreifend zusammengearbeitet werden muss – oder darf, das ist Ansichtssache. Es hilft, sich für die Themen der anderen zu interessieren und gut zuzuhören.

PAPIERKORB: Was meinst du, nachdem wir hier immer bei allen Projektsitzungen dabei sind, sind wir beide sicher gute Zuhörer, oder?

LAMPE: Ups, ich weiß nicht so recht, manchmal bin ich halt einfach da. Dann schalte ich ab.

PAPIERKORB: Hi-hi, das sehen alle, wenn es dunkel wird.

LAMPE: Das ist spannend, was du da sagst – weil die Menschen auch merken, wenn jemand quasi auf Durchzug geschaltet hat.

PAPIERKORB: Echt jetzt?

LAMPE: Ja, das spüren die – zumindest unbewusst. Und was die meisten auch wissen: Nicht jedes stille Wasser ist tief! Manche haben nie was gefragt, sind dumm geblieben und haben deshalb einfach nix zu sagen.

Wer Probleme damit hat, vor anderen Leuten zu sprechen oder gar Reden zu halten, ist damit keineswegs alleine, sondern leidet unter Glossophobie. Eine gute Übung kann es sein, täglich zehn Minuten zu reden – und zwar am Stück. Über welche Themen auch immer. Wirklich hörbar und nicht nur gedacht.
Das darf daheim im stillen Kämmerlein geschehen, geht heutzutage jedoch auch problemlos unterwegs. Im 20. Jahrhundert wären wir vermutlich für verrückt erklärt worden, heutzutage sind die anderen höchstens neidisch auf unser minimalistisches, unsichtbares Headset.

Führung wirkt. Keine Führung auch.

Die Führungsrolle im Projekt

Du bist vom Gangsterboss vor einiger Zeit als Projektleiter eingesetzt worden und schon geübt darin, ihn bei Laune zu halten. Du weichst seinen Fettnäpfchen geschickt aus, denn obwohl er Dir viel Vertrauen entgegenbringt, grätscht er gerne rein, wenn aus seiner Sicht etwas aus dem Ruder läuft. Die disziplinarische Führung hat er schließlich behalten.

Mit Deinem Team bist Du zwischenzeitlich gut unterwegs auf dem Weg zum perfekten Verbrechen. Glücklicherweise magst Du Menschen und arbeitest gerne mit ihnen – das sind prima Voraussetzungen für Deine Führungsrolle im Projekt. Die herausragenden Eigenheiten Deiner Truppe kennst Du auch recht gut.

Lauter Individualisten

Babyface Mickey weiß ganz klar alles besser, und das sofort. Nicht in allen Belangen ist er allerdings die Koryphäe, für die er sich hält. Narbengesicht Atze will umgehend Fakten schaffen, zieht schnell mal 'ne verbale Waffe. Dagegen

Hacker-Queen Lilly: Sie plädiert dafür, erst subtil und mit langem Atem alles auszuspionieren und ganz unauffällig im Untergrund zu agieren. Der verletzliche kleine Junge, der hinter den ganzen Pfunden von Fatboy Frankie steckt, ist extrem schnell gekränkt und neigt zu Paranoia. Ihn nimmst Du zeitweise gegen die Ironie und den Sarkasmus von Atze in Schutz. Dem scheint es egal zu sein, wer „unter ihm Chef" ist. An den Machtspielchen habt Ihr beide Spaß, ab und zu benötigt er jedoch klare Ansagen.

Bei der Planung habt Ihr die Aufgaben in weiser Voraussicht passend verteilt und die jeweiligen Vorlieben und Befindlichkeiten berücksichtigt. Du bist geübt darin, alle Interessen integrativ unter einen Hut zu bringen und – soweit sinnvoll – jedem gerecht zu werden. Das machst Du mit viel Fingerspitzengefühl, Humor und notfalls mit dem einen oder anderen Machtwort.

Anweisen und Überzeugen für Greenhorns

Den unterschiedlichen Entwicklungsstand Deiner Mitarbeiter beachtest Du selbstverständlich gekonnt. Babyface Mickey hatte entgegen seiner Überzeugung zu Beginn noch keinen blassen Schimmer, ist voller Neugier und Enthusiasmus in sein allererstes Projekt gestartet. Entsprechend eng hast Du ihn geführt. Der Jungspund hat genaue Anweisungen erhalten, durchaus ziemlich kleinteilig, nicht zu viel auf einmal. Und Kontrolle war hier kein Misstrauensvotum, sondern eine gute Möglichkeit für Dich, umgehend Abweichungen zu erkennen und helfend einzugreifen.

Du hast schnell gemerkt, dass Mickey durchaus vom rechten Schlag ist, und sofort aufgehört, Aufgaben „par ordre du mufti"* von ihm erledigen zu lassen. Seither erläuterst Du Deine Anweisungen und Entscheidungen und ermunterst ihn, Fragen zu stellen. Ab und zu ist freilich Überzeugungsarbeit erforderlich, das sorgt dann oft auch für mehr Klarheit bei Dir selbst.

Beraten und Delegieren für alte Hasen

Atze und Frankie sind schon lange dabei – die wollen auf Augenhöhe behandelt werden, machen eigene Vorschläge und benötigen viel Freiraum. Da gibt es meist heiße Diskussionen, wenn Ihr gemeinsam die Ideen der beiden auf Herz und Nieren prüft. Hier wird die Führungsrolle auch richtig anspruchsvoll für Dich. Qualifizierte Mitarbeiter lassen sich durchaus beraten, revoltieren jedoch, wenn sie sich zu sehr gegängelt fühlen. Nicht nur Ganoven werden da im Zweifel nicht lange fackeln.

Und nun zu den Profis

Zum Glück ist Lilly eine total routinierte und gewitzte Mitarbeiterin. An die kannst Du getrost ganze Verantwortungsbereiche abgeben, ihr Entscheidungen mitsamt Umsetzung komplett delegieren. Sie darf gerne besser werden als Du selbst, das hältst Du gut aus, eröffnest ihr sogar Perspektiven auf eigene Projekte. Das ist klug, sonst sägt sie irgendwann hinter Deinem Rücken an Deinem Stuhl oder läuft über zur Konkurrenz.

* par ordre du mufti:
auf Autorität beruhende Anweisung

Projektleiter mit Charakter

Unsere Art der Führung spiegelt immer auch unsere eigene Persönlichkeit wider. Eine hervorragende Gelegenheit, diese besser kennenzulernen und weiterzuentwickeln. Darf beispielsweise jeder eine Meinung haben, solange diese mit unserer eigenen übereinstimmt? Dann lernen wir hoffentlich rasch, dass anders auch richtig sein kann. Vielleicht sogar besser, wer weiß? Sind wir eher autoritär unterwegs? Mit Zuckerbrot und Peitsche? Führen wir am liebsten per Fernbedienung? Oder als Kontrolletti? Oder wollen wir gerne everybody's darling sein? Auch davon sollten wir uns künftig verabschieden.

Je nach Situation und Mitarbeiter den passenden Führungsstil herbeizuzaubern ist eine Kunst und wird außerordentlich geschätzt und honoriert. Unsere Mitarbeiter reißen sich für uns die Beine aus, wenn sie spüren, dass sie echte Wertschätzung erfahren, sich respektvoll und auf Augenhöhe behandelt fühlen.

Origami oder was?

„Wer glaubt, dass Projektleiter Projekte leiten, der glaubt auch, dass Zitronenfalter Zitronen falten." Den Satz kennt Ihr vielleicht zur Genüge, wird er doch immer wieder von frustrierten Projektmitarbeitern in die Welt geblasen. Es geht auch anders. Punkt.

Führung wirkt. Auch in Projekten. Und die Risiken und Nebenwirkungen? Wenn wir gut führen, sind wir nicht nur Selbstoptimierer, sondern auch Fremdoptimierer – der Projekterfolg ist kaum mehr zu verhindern. Und dieses Risiko gehen wir doch bei einem perfekten Verbrechen gerne ein, oder?

Häufig wird Beistand erst angefordert, wenn das Kind schon in den Brunnen gefallen ist. Die Ampel ist quasi auf Rot. Top-Leute holen sich schon Unterstützung, wenn die Ampel auf (Dunkel-)Gelb ist.
Meist fällt es uns deutlich leichter, in fachlicher Hinsicht um Hilfe zu bitten, als wenn es um persönliche Belange geht. Dabei kann es äußerst klug sein, mit jemand Außenstehendem auf die eigene Situation zu schauen und sich beim Perspektivenwechsel unterstützen zu lassen.
Schließlich sind selbst Sackgassen nach oben offen.

Fragebogen:
Potenzialanalyse Gangsterboss

1. Ich arbeite am liebsten

a) alleine oder im Team, je nachdem, was die Situation erfordert ☐
b) alleine, dann redet mir niemand rein ☐
c) mit anderen im Team, dann brauche ich keine Verantwortung zu übernehmen ☒

2. In schwierigen Situationen

a) bleibe ich ruhig und gelassen ☐
b) steigt mein Blutdruck und der Blutdruck aller, die mit mir zu tun haben ☐
c) rufe ich Mutter an ☒

3. Entscheidungen

a) treffe ich ohne zu zögern, ich übernehme gerne Verantwortung ☐
b) kann man jederzeit widerrufen ☐
c) muss ich da unbedingt eine Wahl treffen? ☒

4. Ich kommuniziere am liebsten

a) offen und klar überall und mit jedem ☐
b) mit mir selbst ☐
c) mit meinem Analytiker ☒

5. Anerkennung erhalte ich am meisten

a) für meine Leistung ☐
b) für mein Aussehen ☐
c) durch Drohung und Erpressung ☒

6. Meine Mitarbeiter motiviere ich am besten durch

a) meine Vorbildfunktion ☐
b) Geld und Incentives ☐
c) leere Versprechungen (notfalls mit Druck und Gewalt) ☒

7. In Konflikten

a) reagiere ich äußerst souverän ☐
b) müssen sich die anderen warm anziehen ☐
c) hilft mein Waffenarsenal ☒

8. Die Welt ist voller

a) interessanter Chancen, Möglichkeiten und Menschen ☐
b) Pflichten und Freunden ☐
c) Idioten und Vollpfosten ☒

9. Großzügig bin ich insbesondere mit

a) Aufmerksamkeit und konstruktivem Feedback ☐
b) Lob und Streicheleinheiten ☐
c) Strafe ☒

10. Humor

a) ist wichtig in der Zusammenarbeit ☐
b) ist lateinisch und heißt übersetzt Feuchtigkeit ☐
c) ich glaube, mein Analytiker findet das witzig ☒

Auswertung: Sie haben überwiegend

a) angekreuzt: Gratulation, Sie sind hochtalentiert (oder haben geschummelt)
b) angekreuzt: Viel Potenzial vorhanden, wir empfehlen ein Coaching
c) angekreuzt: Möchten Sie den Fragebogen mit Ihrem Analytiker besprechen?

Rodeo

Schlimmer geht immer

Der Projektalltag

Heute ist „Versaubeuteln“ angesagt. Hurra, wir lassen die Sau raus. Habt Ihr Lust? Na dann, los geht’s.

Impro-Theater

Am besten vergessen wir alles, was wir geplant haben. Wir wussten schließlich von Anfang an, dass es nicht ganz genau so kommen wird.

Legen wir einfach los, sparen wir uns den ganzen Mist mit Plan-Ist-Abgleich. Dann brauchen wir auch nicht zu schätzen, wie hoch der bisherige Erfüllungsgrad unserer Aufgaben ist und ob wir damit noch in der geplanten Zeit liegen. Ob unser Budget reicht. Und ob die Ziele und die Qualität noch passen.

Es gibt aber auch griffelspitzige Leute! Wir sind doch alle erwachsen, und irgendwie wird das Projekt schon klappen. Jetzt ist Improvisieren gefragt. Das regt auch viel besser die Kreativität an. In dem Zug können wir gleich das ganze Controlling einsparen, das kostet letztendlich nur Zeit und Geld.

Klimawandel

Stopp! Das ist ja furchtbar! Das geht schief! Dann empfehle ich das Gegenteil: Totale Kontrolle. Um diese zu behalten, lassen wir jeden Pups minutiös dokumentieren und ahnden Lücken und Fehler gnadenlos. Aus jeder Abweichung vom ursprünglichen Plan machen wir einen Staatsakt, der dann auch gleich an alle Gremien kommuniziert wird. Mit ein klein bisschen Mühe bekommen wir es sicher hin, ein Klima der Angst und des gegenseitigen Misstrauens zu erzeugen. Misstrauen hilft: Wir erleben keine bösen Überraschungen, wenn wir von jedem das Schlechteste erwarten. Unser Motto: Menschen brauchen viel Druck, um gute Leistungen zu erbringen.

Der Mensch ist Mittel. Punkt.

Um die Stimmung weiter in den Keller zu treiben, reden wir nicht mehr mit-, sondern möglichst viel übereinander – und bitte über die defizitären, nicht über die tollen Seiten der Kollegen. Offenes und verstecktes Mobbing unterstützen wir konsequent. Überbringer von Hiobsbotschaften werden selbstverständlich geköpft. Deshalb wird auch niemand mehr wagen, Schwierigkeiten im eigenen Arbeitspaket auf den Tisch zu legen, und jeder wird hoffen und alles dafür tun, dass es bei jemand anderem zuerst knallt.

Es hilft sicher auch, allen – und an erster Stelle uns selbst – zu versichern, dass das ganze Projekt eh nix wird und zum Scheitern verurteilt ist. Alle Risiken malen wir in schillernden Farben aus. Das machen wir natürlich auch in der Kantine und in der Kaffeeküche, so dass wir die ganze Firma auf unsere Seite bekommen.

Ehre, wem Ehre gebührt

Unsere weiße Weste halten wir lupenrein und schreiben alles auf unsere Fahnen, was gut läuft. Was Ruhm und Ehre verspricht, können aufgrund unserer Expertise selbstverständlich nur wir selbst erledigen. Dabei versprechen wir jederzeit allen alles und reden jedem nach dem Mund. Unsere Menschenkenntnis hilft uns dabei. Ausreden gibt es im Zweifel später genug, wir sind ja schließlich klug und halten ständig die Augen nach überzeugenden Begründungen auf.

Riskante, unangenehme Aufgaben delegieren wir gekonnt (wir sind leider soooo überlastet). Gerne vergeben wir sie doppelt an verschiedene Mitarbeiter, irgendetwas wird schon herauskommen. Oft nehmen wir dafür Leute, die keine Ahnung haben und das Spiel nicht durchschauen. Geschickt drehen wir das so, dass die sich auch noch gebauchpinselt fühlen. Ein Bauernopfer finden wir auf diese Weise bei Bedarf leicht, Verantwortung für Fehler und Rückschläge kann uns niemand anlasten.

Umgang mit toten Pferden

Verlässlichkeit halten wir für völlig überschätzt. Diese Einstellung hilft uns, wenn es darum geht, die Mitarbeiter unterschiedlich zu informieren. Im Zweifel können wir ja Kundenwünsche oder andere Einflüsse geltend machen. Verschwörungstheorien haben uns schon immer fasziniert.

Alles, was nicht funktioniert, machen wir unbeirrt weiter. Irgendwann MUSS es doch gelingen. Das ist kein totes Pferd, das wir reiten, das simuliert doch nur!!!

Zum Glück gibt es viele Ablenkungen, vielleicht können wir schon das nächste Projekt planen, das sehr viel mehr Aufregung verspricht. Lästiges lässt sich auf diese Weise leicht verschieben und notfalls vergessen und verdrängen.

Gegen die Wand

Unsere Leute sind überlastet? Ignoranz ist auch bei diesen Warnzeichen eine unserer Kernkompetenzen. Da setzen wir noch eins drauf und vergeben weitere stupide Aufgaben. Das fördert ausgezeichnet die Konfliktrate, wenn bei allen die Haut dünner wird. Und es hilft, die Fluktuation unter den Mitarbeitern hoch zu halten. Je öfter das Team durchmischt wird, desto mehr sind die Teammitglieder mit der Hackordnung beschäftigt. So wachsen ohne weitere Anstrengung künftige Sündenböcke nach. Wir stoßen bei Misslichkeiten beim Management auf großes Verständnis – mit so einer Gurkentruppe könnte außer uns niemand ein so schwieriges Projekt leiten.

Grandios scheitern

Habt Ihr weitere Ideen? Mit Sicherheit! Dann nur zu – im Projektalltag helfen uns neben gesundem Menschenverstand Querdenken und Perspektivenwechsel, um zu guten Lösungsansätzen zu kommen. Meist fällt uns sofort ein, was wir tun könnten, um alles zu verschlimmern. Von den tollen

Ideen fürs grandiose Scheitern als Überraschungsangriff auf die Logik ist es dann – auf den Kopf gestellt – nur ein kleiner Schritt zum passenden Patentrezept.

Natürlich müssen wir auch dem Management über den Stand unseres Projekts berichten. Dabei ist es sinnvoll, dies nicht allzu kleinteilig zu machen. Eine detaillierte und minutiöse Analyse jeder einzelnen Aufgabe interessiert da nicht. Besser grob, unterstützt durch die Ampelfarben Grün, Gelb und Rot auf Projekt- oder auf Teilprojektebene, jeweils mit den wichtigsten Fakten. Grün, Gelb und Rot wird auf allen Ebenen verstanden.
Einfach und klar ist oft hilfreich. Bei Nachfragen kennen wir natürlich die wichtigen Details oder beschaffen sie zeitnah.
Ganz interessant ist bei der Projektbewertung die Farbe Melonengrün: Je tiefer man bohrt, desto roter wird es.

Schluss. Aus. Basta.

Der Projektabschluss

Habt Ihr was gehört? Nein? Dann hat es geklappt. Die Gangsterbande hat das perfekte Verbrechen geräuschlos erledigt, ohne dass auch nur ein Mensch davon Wind bekommen hätte. Super, so war's gewollt und so muss das bei einem perfekten Verbrechen einfach sein. Wie schon in der Planung berücksichtigt, sitzt die Truppe nun auf den Bahamas und feiert mit Champagner. Der zufriedene Gangsterboss hat sogar ein paar weitere Kröten für die zugehörigen Snacks springen lassen.

Und im echten Leben?

Wir feiern natürlich auch, ganz klar. Und zwar angemessen mit Party, Theaterbesuch oder Ausflug – lasst Euch was Schönes einfallen. Aber bitte nicht erst in einem halben Jahr freitags um halb fünf mit Limo und einer halben Brezel je Mitarbeiter in der Kantine gemeinsam mit drei anderen Projektteams. Dann lieber nix.

Auch sonst lohnt es sich, zu einem guten Ende zu kommen. Der erste Eindruck zählt, der letzte Eindruck bleibt hängen! Wie Ihr hervorragend immer wieder bei dem einen oder anderen Politiker beobachten könnt.

Alles paletti?

Im Lenkungskreis wird der Abschluss besiegelt und damit der Projektleiter ganz offiziell entlastet. Komplett nach dem Motto: „Wer etwas dagegen hat, der rede jetzt oder schweige für immer."

Sind am Projektende noch einige Punkte offen, liegt es an uns, diese gut zu dokumentieren und den künftig Verantwortlichen zu übergeben. Bei großen Projekten ist es sogar sinnvoll, von Anbeginn ein „Nachprojekt" zu planen. Hier werden frisch entdeckte Fehler umgehend bereinigt, Restarbeiten erledigt, und es wird Energie für neue Unternehmungen getankt. Vielleicht mit einem der begabten Teammitglieder als Nachwuchs-Projektleiter, der diese Aufgabe als Sprungbrett für seine weitere Karriere nutzen kann.

Abschließen und Abgeben sollten wir aktiv betreiben. Wir haben ja Lust auf etwas Neues und wollen nicht noch Jahre später die Person sein, die sich mit dem Projektergebnis am besten auskennt. Da dürfen jetzt andere ran.

Projektamnesie

Wir alle haben im Projekt viele Erfahrungen gemacht. Da wünschen sich manche, dass mittels „Lessons Learned" das gesammelte Wissen ihnen selbst und der Nachwelt erhalten bleiben möge, um später nicht als Jäger des verlorenen

Schatzes alles mühsam wieder ausgraben zu müssen. Allerdings ist jetzt bei den meisten Leuten die Luft raus, Energie ist wenig vorhanden. Dass insbesondere andere davon profitieren, wenn wir unser Wissen dokumentieren, ist außerdem nicht gerade der Obermotivator.

Auch ist niemandem gedient, wenn jegliche noch so spezielle Erkenntnis in riesigen Datenbanken hinterlegt wird. Die klitzekleine Perle unter den tausenden von Einträgen suchen zu müssen, schreckt dann eher ab. Weniger ist mehr – wie so oft.

Damit es nicht zur totalen Projektamnesie kommt, empfehle ich einen letzten Workshop. Da geht es dann darum, uns selbst die wichtigsten Erkenntnisse bewusst zu machen und so gemeinsam zu profitieren.

Eigenlob stimmt

Scheffelt bitte nicht nur Pleiten, Pech und Pannen, womöglich mit Benennen eines Schuldigen. Nein, fragt Euch insbesondere, auf was Ihr stolz sein könnt, wenn Ihr auf Euer Projekt zurückblickt. Was lief gut, und was hat das Team dazu beigetragen, dass es so gut lief?

Wir vergessen (verdrängen?) beim Feedback-Geben gerne die schwierigeren Kollegen. Sollten wir jedoch nicht. Der Dödel aus der Nachbarabteilung und der Vollpfosten aus dem Büro gegenüber – wer weiß, auch denen werden wir künftig wieder begegnen. Erhalten die beiden Wertschätzung von uns, dann sind sie bei Bedarf auch künftig für uns da wie der Pfennig (oder heißt das jetzt wie der Cent?).

Normal oder genial?

Nach der Erkenntnissammlung ist freilich Vorsicht geboten. Denn richtig grauslig wird es, wenn in Firmen jede aktuell wichtige Erfahrung gleich zum Standard für künftige Projekte erhoben wird. In vielen Firmen sind seit einiger Zeit ganze Teams mühsam dabei, die Unmengen an so entstandenen Vorgaben zu überprüfen und allen Beharrungskräften zum Trotz auszumisten. Eine extrem schwierige Aufgabe. Sie machen es dennoch, weil die Erkenntnis gereift ist, dass eine hohe Reglementierung jegliche Innovation hemmen oder sogar verhindern kann. Haben wir nämlich eine vorgegebene (genormte) Lösung, sind wir meist blind für alles, was noch besser sein könnte. Normal statt genial.

Das Wagnis Zukunft

Robotern das menschliche Laufen beizubringen, erwies sich als schwieriger als ursprünglich gedacht. Ein kleines Kind als „lernendes System" fällt im Schnitt 16.000 Mal hin, bevor es stabil laufen kann. Als Neulinge im Projektgeschäft kommen wir glücklicherweise mit deutlich weniger Fehlschlägen aus (na ja, von Dödeln und Vollpfosten mal abgesehen). Dennoch – selbst die größten Vorsichtsmaßnahmen in Form von Vorschriften werden nicht verhindern, dass wir ab und zu Fehler machen. Daraus lernen wir! Die Welt verbessert sich durch Irrtum. Mit jedem Hinfallen und Aufstehen sind wir ein Stückchen klüger geworden und können stabiler laufen. Selbst für die Anagrammatiker unter uns wird so ein Fehler zum helFer.

Und so nützt es meist mehr, eine Kultur des Miteinander-Redens zu befördern als laufend weitere Standards einzuführen.

Und nun?

Ende Gelände – ab zur Party. Und Tschüss.

Man könnte ja meinen, erfolgreiche Projekte sind diejenigen, bei denen das Ergebnis mit dem ursprünglichen Plan übereinstimmt: Ziele mit gewünschter Qualität und im geplanten Zeit- und Kostenrahmen erreicht. Von wegen. So einfach ist das nicht. Die Welt hat sich weitergedreht, und wir haben dazugelernt. Das heißt, Abweichungen vom ursprünglichen Plan sind häufig sogar erwünscht und können auch begründet werden.
Messkriterien für erfolgreiche Projekte gibt es jedoch: Zufriedenheit des Kunden, Zufriedenheit der Stakeholder und – bitte nicht vergessen – Zufriedenheit des Projektteams.

Augenklappe und Zahnbürstentheorie

Klatsch und Tratsch

Neulich im Projektbüro …

Von der Lampe hängen Papierschlangen, leere Flaschen und Pizzakartons türmen sich auf dem Tisch, im Hintergrund läuft in einer Endlosschleife „We Are The Champions", und der Papierkorb quillt über von Chipstüten und anderen Partyrelikten.

PAPIERKORB: Schade, dass alles vorbei ist. Und Mist, die Gangsterbande hätte ich ja schon gerne endlich mal persönlich kennengelernt, jetzt feiern die Schufte auf den Bahamas!

LAMPE: Ja, schön blöde, dass die so eine Geheimnistuerei betreiben. Aber keine Sorge, nach dem Projekt war zumindest bisher immer auch vor dem Projekt.

PAPIERKORB: Zum Glück sind nun alle schlauer als zu Beginn, das nächste Projekt flutscht sicher ganz problemlos.

LAMPE: Ha, das glaubst auch nur du. Jedes Projekt hat seine ganz besonderen Herausforderungen. Deshalb ist meiner Meinung nach sowieso das Wichtigste überhaupt viel gesunder Menschenverstand und dass die Leute ausreichend miteinander reden.

PAPIERKORB: Toll, denn so viel wie bei der Party eben haben die im ganzen Projekt nicht miteinander gequatscht. Die Programmiererin und der Vertriebler haben sogar miteinander geflirtet, dabei waren die sich doch früher gar nicht grün.

LAMPE: Ja, man lernt nie aus, was die seltsamen menschlichen Beziehungen angeht. Aber auch was Projekte betrifft, gibt es in Zukunft sicher noch gaaanz viel zu lernen.

PAPIERKORB: Ich habe bei der Party auch was gelernt.

LAMPE: Was denn?

PAPIERKORB: Warum Piraten immer Augenklappen getragen haben. Der Projektleiter hat das erzählt. Ob der wohl Verbindung zum Gangsterboss hat? Jedenfalls, stell dir vor, die kapern ein Schiff. Um den Gegner zu überrumpeln, geht es sofort unter Deck. Dort lüften sie dann schnell die Augenklappe, und das bisher verdeckte Auge passt sich flugs ans Dämmerlicht an. Schwupps, da sind die cleveren Piraten rucki zucki im Vorteil gegenüber ihren Widersachern.

LAMPE: Wie interessant! Und das haben sie sicher ihren Nachwuchs-Piraten weitergegeben, damit die das auch wissen. Sie haben das damals halt noch nicht Lessons Learned genannt.

PAPIERKORB STÖHNT: Bitte heute nicht noch mehr Lessons Learned. Ich glaube, ich bin gerade ziemlich randvoll.

LAMPE: Ja, so siehst du aus.

PAPIERKORB: Ich meine nicht nur den ganzen Müll, damit komme ich gut klar. Sondern ich bin auch randvoll mit Projektwissen. Das will ich erst mal verdauen.

LAMPE: Klar, wenn wir etwas neu lernen, ist das richtig anstrengend. Da wird uns als erstes unsere Inkompetenz bewusst. Dann lernen wir was und werden bewusst kompetent. Richtig gut sind wir, wenn wir unbewusst kompetent sind.

PAPIERKORB: Häh? Das ging mir jetzt zu schnell.

LAMPE: Ich hab ein Beispiel für dich. Als du hier angefangen hast, hattest du noch keine Ahnung von Projektmanagement, das war dir jedoch gar nicht bewusst.

PAPIERKORB: Ehrlich gesagt, hat mich das auch gar nicht gejuckt. Das ging mir sozusagen tangential am Hintern, äh, hinteren Rand vorbei.

LAMPE: Schon klar. Aber hier im Projektbüro hast du offensichtlich gemerkt, was für Lücken du da hast, und richtig viel gefragt. Manches hast du natürlich auch einfach nur aufgeschnappt.

PAPIERKORB: Dann bin ich jetzt bewusst kompetent?

LAMPE: Siehst du, genau das ist das Ergebnis deiner Lernschritte, und die sind manchmal ganz schön mühsam.

PAPIERKORB: Und die unbewusste Kompetenz?

LAMPE: Das ist dann, wenn wir mit schlafwandlerischer Sicherheit unterwegs sein können. Meistens benötigen wir dazu echt viel Übung. Du hast dies sicher schon erreicht, wenn es um deine Rollenkompetenz als Papierkorb geht – das kannst du doch im Schlaf, oder?

PAPIERKORB: Klar, da penne ich wirklich oft nebenher

oder beschäftige mich in Gedanken mit was anderem, das ist sonst schon richtig langweilig.

LAMPE: Ja, und deshalb lernen wir dann auch so gerne was Neues, das noch nicht langweilig ist.

PAPIERKORB BETTELT: Aber jetzt ist erst mal Pause, gell?

LAMPE: Offiziell schon – die Projektmitarbeiter können jedoch oft gar nicht richtig abschalten nach dem ganzen Stress, den sie hatten. Adrenalin und Cortisol sind noch im Körper, und wenn die Leute jetzt einfach mal nichts tun oder zumindest reduzieren sollen, wissen sie gar nicht, wie das geht, und werden ganz unruhig.

PAPIERKORB SEUFZT: So wie du gerade, du kannst dich wohl auch nicht dimmen. Du lernst doch so gerne, also los, lern mal runterfahren!

LAMPE: Wahrscheinlich hast du recht. Oh je, das ist im Moment fürchterlich anstrengend, nichts zu tun.

PAPIERKORB JAMMERT: Jetzt ist es für heute aber bitte wirklich erst mal genug, oder?

LAMPE: Da fällt mir was ein, was dich sicher interessieren wird. Kennst du die Zahnbürstentheorie?

PAPIERKORB ÄCHZT: Nein, und ehrlich gesagt, weiß ich auch gar nicht, ob ich die unbedingt kennenlernen will, ich bin platt.

LAMPE: Die ist klasse. Und gut zu wissen für Projekte und anderswo. Hör zu.

PAPIERKORB RESIGNIERT: Ja, ja, schon gut. Aber bitte nur kurz.

LAMPE: Wie wir schon wissen, unterstützen Chefs uns

am meisten, wenn sie ihre Ideen in dem, was wir tun, wiederfinden. Und Mitarbeiter sind meist hochmotiviert, wenn sie ihre ureigenen Geistesblitze umsetzen dürfen. Das mit den Ideen ist nämlich wie bei den Zahnbürsten: Jeder hat eine, jeder braucht eine, und keiner will die vom anderen.

PAPIERKORB VÖLLIG ERSCHÖPFT: Kann bitte endlich IRGENDJEMAND das Licht ausmachen?

Humor hilft. Unser Alltag ist bei genauerer Betrachtung voller Absurditäten. Lachen ist wirklich gesund. Inzwischen gibt es viele Untersuchungen, für was Lachen alles gut

Haalloo! … Ist da noch jemand? …

Haaallooo!!! … Hallo? …

Hi-hi!

Hi-hi!

Hi-hi-hi!

Buchtipps

Im Lauf der Jahre gab es sehr viele Bücher, die mich inspiriert haben. Die folgende Liste stellt eine kleine Auswahl dar nach dem Motto: Unter welchen Büchern würde ich einen Freund zuerst wählen lassen?

Vera F. Birkenbihl
Stroh im Kopf?
Vom Gehirnbesitzer zum Gehirnbenutzer
mvg Verlag 2013
und weitere Bücher von ihr

Dietrich Dörner
Die Logik des Misslingens
Strategisches Denken in komplexen Situationen
rororo 2003

Daniel Gilbert
Ins Glück stolpern
Suche dein Glück nicht, dann findet es dich von selbst
Goldmann Verlag 2008

Matthias Horx
Das Buch des Wandels
Wie Menschen die Zukunft gestalten
Pantheon Verlag 2011
und weitere Bücher von ihm

Keith Johnstone
Theaterspiele
Spontaneität, Improvisation und Theatersport
Alexander Verlag 2011

Tom deMarco
Der Termin
Ein Roman über Projektmanagement
Hanser Fachbuch 2007

Tor Nørretranders
Spüre die Welt
Die Wissenschaft des Bewusstseins
rororo 1997
(momentan leider nur antiquarisch zu bekommen)

Paul Watzlawick
Anleitung zum Unglücklichsein
Piper Taschenbuch 2009

Merci!

Die Entstehung eines Buches ist natürlich auch ein Projekt. Und das Projektteam für dieses Buch hatte neben dem Illustrator André POLOczek zwei weitere wichtige Teammitglieder, die die erfolgreiche Zielerreichung begründet haben.

Ingeborg Helzle

„Sie werden sich wiedererkennen"

Begnadete Designerin, Nichte und gute Freundin in einer Person. Grafik-Design vom Feinsten, von der Visitenkarte bis zum Webauftritt, von der Broschüre bis zum Buch. Mit sicherem Gespür für die relevanten Nuancen entwirft sie visuelle Kommunikation, in der sich ihre Kunden wiedererkennen.
Für dieses Buch hat sie die wunderschöne Gestaltung als Tüpfelchen auf dem i kreiert – ein Lesevergnügen weit über den Inhalt hinaus. Mehr zu Ingeborg Helzle unter **www.ihgk.de**

Astrid Kehsler

„Gut, dass wir darüber gesprochen haben"

Leidenschaftliche Kommunikationsexpertin und Bücherfrau. Neugierige Querdenkerin mit sprachlicher Präzision und überzeugte Lösungsentwicklerin. Ausgeprägter Sinn für das Wesentliche. Mit ihren Fragen bringt sie die Dinge auf den Punkt.
Sie hat mit Liebe zum Detail, großer Wertschätzung und feinem Humor den Entstehungsprozess dieses Buches begleitet – inspirierend und im Ergebnis einfach einmalig.

Sie haben Lust auf mehr?

Meine aktuellen Seminare und Vorträge
finden Sie im Internet unter
www.doris-helzle.de
mitsamt einer Seite fürs Hirnbrizzeln.

Sie dürfen mir auch gerne schreiben:
leser@doris-helzle.de

Zum Schluss wünsche ich Ihnen viel Freude beim Ausprobieren des einen oder anderen Tipps – und natürlich viele tolle und erfolgreiche Projekte!

MIX
Papier aus verantwortungsvollen Quellen
FSC® C043106
FSC
www.fsc.org

Das für dieses Buch verwendete Papier ist FSC-zertifiziert.